孝行可敬孝感非

孝道圖

二十四孝图等考析

张道一 著

敬老孝親重人倫

山东教育出版社

序言

尊敬老人、孝顺父母，是中华民族的传统美德。一个人从小生活在这样的氛围中，感到这样做是天经地义的；长大成人之后，只认为孝顺是一种行为，很少考虑孝道的学问。我便是如此，因为学了美术，即使偶而看到“郭巨埋儿”之类的图画，也是一笑了之，因为在幼年时便听祖母讲过这种可怕的故事。

到了1992年,我已经六十岁了。看到当年11月7日《扬子晚报》上报道了一则新闻，说是富裕起来的苏南农村,有一个村子的“农民公园”,新建了一套“二十四孝”的雕塑，当作传统美德宣扬。这件事使我很惊奇，也感到文化上的事马虎不得。按照多年来养成的习惯，认准的事坚持做下去，不喜欢、不明白的事也要弄清楚。所以，便想把古时的“二十四孝”和“孝道”,考察一番,弄明白究竟为什么“郭巨埋儿”会得到一釜黄金、“王祥卧冰”会跳出三条鲤鱼来。

每个历史时期的统治者，他的思想也就是社会的主导思想。封建统治者之所以宣扬“谶纬”迷信和“天人感应”，都是为了制造“受命于天”、“遵从天命”的舆论。儒家的学者最懂得这一点，所谓“河图洛书”、“麟吐玉书”也属于这一类。这只是一个方面，封建统治者把孝义、孝悌、孝廉、孝忠结合起来，由孝的内涵向外推延，从孝亲到忠君，用以治理国家和感化民众，成为巩固其统治的政治手段和工具。

在儒家的十三经中有《孝经》一书，将孝道视为一切道德的根本。所谓“天之经也，地之义也，民之行也”，将天、地、人“三才”贯穿于孝。并且对天子、诸侯、卿大夫、士和庶人之“五孝”作出了规范，各有要求。在《礼记·祭义》中，曾参说：“孝有三：大孝尊亲，其次弗辱，其下能养。”将孝分出了等次。不但把赡养父母放到了最低位，并在此之上赋予了崇敬父母和扬名显亲的内容。

在教化问题上，仅靠文字的表述是有限的，况且大众识字者不多。西汉的刘向写了《孝子传》和《列女传》，以实际人物及其事迹代替空泛的说教。《孝子传》早已失传，清代茆泮林辑录的《古孝子传》中，只有舜、郭巨和董永。据说最初有图，称作“图传”（以后还有“诗传”），创造了一种有利于宣扬的方式，为后世所采用。

早期的孝行图多刻在石头上。东汉时期，山东嘉祥的武梁祠画像石，刻了不少孝子列女的故事，但别处的画像石却不多。南北朝时，多刻在石棺和棺床上。宋代出现了“二十四孝图”，但人物故事并不固定。据说定型的“二十四孝”为元代郭守正所编，一直流传下来。明清两代大量的“二十四孝图”，是印在蒙学书和通俗读物中的。

定型化了的“二十四孝图”，就封建统治者的功利而言，原意是树立典型，设为标准，不但一味拔高，并且生硬地添加“天人感应”内容，“二十四孝”便成了一些僵化的偶像，从整体看，是不足为孝的榜样的。为人尽孝，不能取法于“二十四孝”。

本书之旨，并非单纯谈孝和“二十四孝”，而是对孝道图的关注和研究，必然涉及到它的内容。古代的艺术，无不带有功利的目的，所谓“成教化，助人伦”，虽然传统性很强，也总是精华与糟粕并存。今天看来，是须要认真鉴别的。

为了了解古代孝道图流变的情况，我们汇集了78个具体人物及其事迹，共400余幅图，可作分析比较。从艺术的角度研究孝道图，剔除其封建性的糟粕，继承其艺术的精华，是历史的责任，也是新创作的必经之路。在新的时代，有健康的人伦道德，应建立起尊敬老人、孝顺父母的新风尚。

目录

第一章

“孝道”与“孝道图”

一、“孝”的观念

人生在世，从呱呱坠地到寿终正寝，经历不过数十年，超过百岁的不多。一代一代的蕃衍，传承延续，由家庭而构成社会，共同积淀起文化和文明。父母哺育幼小，儿女敬养老人，形成了基本的人伦关系。伦理道德不但是亲属之间的准则，也成为社会道德的基础。古人称十二岁以下、六十六岁以上为“老小”。老小之人，在生活上多不能自理，需人扶持照顾，相互依存。对于年老者，便产生了“孝”的关系。

“孝”与“老”是连在一起的。汉字中“老”字的初文，《说文解字》解释较简单，只是说：“七十曰老。言须发变白也。”康殷根据甲骨文和金文的字形，观察和分析“老”字，认为“象偻背老人扶杖而行之状”，象“头发松白，体态龙钟，伸手扶杖或儿童……的老人形。”后来把那竖直的“杖”变得短曲，不像是拄杖了。[1]

篆文“老”字

选自《文字源流浅释》

“孝”字出现较晚，康殷考证说：孝字“象‘子’用头承老人手行走，用扶侍老人行走之形以表示

[1] 见康殷释辑《文字源流浅释》(增订本)，北京，国际文化出版公司，1992年。

‘孝’。大约殷人还没有这样明确的‘孝’的道德观念。故甲（骨）文中未见孝字。此字形、意皆与老、考有别，周金（文）中偶有一二误借孝为考之例，学者竟谓：‘考老孝为一字’。杨荣国氏遂据甲（骨）文老—考字而大谈殷人的孝道……古代思想……。”[1]

篆文“孝”字

选自《文字源流浅释》

人的思想或观念的形成，可能要经过漫长的过程。对于老年人，因年龄的增长所出现的一些生理功能衰退的现象，由怜悯、同情而产生的关心、照顾、尊敬和对亲人的服侍、敬养、感恩，形成了“孝”的观念和行为，并由此构成了理性思考的基础。同样，要改变既经形成的观念，也不是轻而易举的。直到20世纪90年代，我到贵州去，看到在少数民族的人家，如苗族和布依族人的堂屋中，大都立着一个木牌位，上面写着“天地君亲师”。很明显这是由很早以前传下来的五个供奉的对象，其中包括父母和教师。是父母生养了人的身体，教师培养他成为好人。

大自然是和谐的，按照它自身的规律运转。鸟儿飞翔在天空，落在人家的屋脊上和树枝上。人们看到鸟儿和睦相处，大鸟哺育小鸟，甚至壮鸟负起弱鸟。古人以为乌鸦能反哺，故有“孝鸟”之说。崔豹《古今注·鸟兽》中说：“乌，一名孝鸟，一名玄鸟。”亦名慈乌、慈鸦。李时珍《本草纲目》说：“此鸟初生，母哺六十日；长则反哺六十日，可谓慈孝矣。北人谓之寒鸦，冬月尤甚也。禹锡曰：慈乌北土极多，似乌鸦而小，多群飞作鸦鸦声。”[2]

以物喻人，人们以孝鸟作比，在劝世歌与儿歌中咏唱。清光绪年间甘肃文县的《劝民歌》唱道：

> 劝吾民，孝顺好，孝顺传家为至宝；试看乌鸦能反哺，何以人而不如鸟。
> 语云：在家敬父母，强似远烧香。[3]

天津蓟县在民国期间，对孝、悌、忠、信、礼、义、廉、耻有一套歌谣。其中的《孝》为：

---

[1] 见康殷释辑《文宁源流浅释》(增订本)：“表现老人的文字”。

[2] 明代李时珍《本草纲目》禽部第四十九卷“慈乌”条。

[3] 载《文县志》(清光绪二年刻本)。《中国地方志民俗资料汇编·西北卷》，书目文献出版社，1989年。

乌鸦叫，乌鸦叫，乌鸦一叫人人恼。请您且别恼，试看老鸦之慈，小鸦之孝，只怕您之为人，还不如此乌鸟。[1]

孝鸟的传说很早就有，从汉代的画像石中得知，那时的人已刻画鸟群的和谐、哺育、慈爱。虽然是一种比喻，但其影响是很大的。它启发了人的孝心，进而产生尽孝的行为。同样，在画像石中表现孝行的图画已经很多。

和谐的鸟群

汉代画像石（局部）

江苏睢宁墓山出土

哺育

汉代画像石（部分）

山东临沂出土

慈鸟

汉代画像石（均在一个画面中）

江苏铜山

民间传说：很早以前有一个叫颜乌的孝子，因家贫无力葬父，便亲自负土，将一筐一筐的土堆成坟。此举感动了周围的群乌，它们都来衔土相助，其吻皆伤。这地方就是秦汉时的“乌伤县”。到了唐代，又改名为“义乌”。不必议论故事的真实性，它反

[1]《蓟县志》（民国33年），《中国地方志民俗资料汇编 · 华北卷》，书目文献出版社，1989年。

映了古人的一种“孝”的思想，却是无疑的。

由敬老产生孝的意识，形成一种观念，在民间出现了大量的有关尽孝的俗语、谚语、歌谣、儿歌等，活泼多样，广泛流传。有些语言的意义是很深刻的。如：

◎百事孝为先。（各地均有）

◎人生总要做爹娘。在家能尽孝，胜过远烧香。（河北大名）

◎当家方知柴米贵，养儿方知父母恩。（河北昌黎）

◎若要好，问三老。敬老得福，敬田得谷。（广东罗城）

河北平山的《劝孝歌》很多，而且是从不同的角度劝人尽孝的：

◎小孩子，上南洼，到了南洼种西瓜。西瓜长大摘回家，自己不吃供爹妈。黑子红瓤，又甜又凉，欢喜的爹娘拍巴掌。

◎大小姐，起五晚，豆和米，煮几升。水也滚，豆也粒，叫爹娘，来吃饭。

◎一锅饭，满屋香，哥哥弟弟都来尝。哥哥吃饱弟弟吃饱。不打架，不争吵，一块玩，一块跑。爹娘看看好不好。

◎小燕小燕出了窝，听我给你唱一个歌。我的歌儿从那边起，自小爹娘养着你，把你养的翅膀长，你打食，吃着香，也该想想你爹娘。

◎九月里，秋风淡，一根针，一条线，使的他娘一身汗。儿问娘，怎么忙，娘说给儿做衣裳，娘受累，不要紧，等你大来多孝顺。

——清咸四年（1854）《平山县志》。

徐水的《劝世歌》包罗了为人处世的诸多方面，第一项便是“孝”：

◎人生第一事，竭力孝双亲。怀抱恩罔极，始得百年身。随分知奉养，无论富与贫。偶见稍不愉，委曲问原因。或有为难处，莫生背后嗔。好好行将去，留样与儿孙。劝尔好民众，休作忤逆人……

——民国21年（1932）河北《徐水县新志》。

老人体弱多病，弓背弯腰，走路困难，有的须依靠拐杖活动。为了表示“敬老”，很早之前就有赠送“藜杖”、“鸠杖”的做法。所谓“藜杖”，是用一种草本植物藜的老茎制作的手杖。李时珍介绍说：“藜处处有之。即灰藋之红心者，茎、叶稍大。河朔人名落藜，南人名胭脂菜，亦曰鹤顶草，皆因形色名也。嫩时亦可食，故昔人谓藜藿与膏粱不同。老则茎可为杖。《诗》云：‘南山有台，北山有莱’。陆玑注云：‘莱即藜也’。”[1]这种“藜”本是一种野生的普通植物，但在古代用途很大：它在嫩时可做“藜羹”，

[1] 明代李时珍《本草纲目》菜部第二十七卷“藜”条。

虽是野菜，用以充饥。它的老茎可以编织茶具、床榻，制作藜杖，不少名人在贫困时都用过，对它颇有感情，多有提及。据《晋书·山涛传》载：被追谥为晋景帝的司马师，曾赐山涛一件春服，“又以母老，并赐藜杖一枚”。由此看来，藜杖虽然不是什么贵重之物，但当时的人是很看重的。唐代的王维有诗曰：“悠然策藜杖，归向桃花源”。

鸠杖，是在杖头饰有鸠形的拐杖，以为国家礼制。《后汉书》曰：

> “仲秋之月，县道皆案户比民。年始七十者，授之以玉杖，铺之糜粥。八十、九十，礼有加赐。玉杖，长［九］尺，以鸠鸟为饰。鸠者不噎之鸟也，欲老人不噎。”王先谦集解引惠栋曰：《风俗通》云：“汉高祖与项籍战京索间，遁丛薄中。时有鸠鸣其上，追者不疑，遂得脱。及即位，异此鸟，故作鸠杖，赐老人也。”[1]

鸠杖之物，屡有出土。杖杆已朽，但杖头犹存。所见玉质者不多，多为铜铸，作鸟形，下有穿孔，可装杖杆。这是一种敬老的表示，具有一定的象征意义。

养老图
汉代画像石（部分）
四川成都市郊曾家包出土

古时人的平均寿命比现在短一些。杜甫所吟咏的“酒债寻常行处有，人生七十古来稀”，所谓“古稀’之年，现在已很普遍，连八十岁、九十岁的也渐渐多起来了。看来，古人所定的六十岁“寿礼”，七十岁“鸠杖”，现在都应推后了。

在四川成都市郊曾家包汉墓出土的画像石中，有一个养老的画面，是表现殷实之家的一部分。一位老人手扶鸠杖，跽坐在棕榈树下，另一人从粮仓中端出粮食，救济老人。老人可能是孤独的，反映了

［1］《后汉书·礼仪志中》。

社会风气的一个侧面。

当然，封建社会并不是完美的。那是一个“朱门酒肉臭，路有冻死骨”的时代。任何事物都有正反两面。善与恶，孝顺与逆伦，都是相对而言的。在过去，为什么民间有《劝世歌》《劝孝歌》流传呢？就因为社会不平和有不孝存在。在我翻阅过去的资料时，儿歌中流传最广的和最普遍的是《小白菜》《麻野鹊》(《山老鸹》) 等：

◎小白菜呀，心里黄啊，三岁两岁，没了娘啊。跟着爹爹好好过呀，就怕爹爹找后娘啊。找了后娘三年整呀，生了个弟弟比我强啊。弟弟穿新我穿旧呀，弟弟吃肉我吃糠呀，端起碗来泪汪汪啊。(山东北部地区)

◎一棵白菜就地黄，三岁小孩没了娘。跟着爹爹还好过，但怕爹爹娶后娘。后娘娶了三年整，生个儿子叫孟良。母亲做的龙须面，孟良吃稠我喝汤。端起碗，泪汪汪。搁下碗，想亲娘。后娘问我哭什啦？碗底烧得手心慌。(河北万全)

◎麻野鹊，尾巴长，娶了媳妇忘了娘。将娘扔在山背后，把媳妇背在炕头儿上，稻米干饭肉丝汤，不吃不吃又盛上。(河北曲阳)

◎麻野鹊，尾巴长，娶了媳妇忘了娘。把娘背到山沟里，媳妇背到炕头上。烙白饼，卷麻糖，媳妇媳妇你先尝。(河北高邑)

天下人看不孝恶媳变狗
清代晚期
湖北保康县
民间墓前刻石

◎麻月鹊，尾巴长，娶媳妇，不要娘。

麻月鹊，喳喳喳，娶媳妇，不要妈。（河南孟县）

◎山老鸹，尾巴长，娶了媳妇忘了娘。把娘背到山沟里，把媳妇背到炕头上。杀头猪，宰只羊，媳妇吃肉娘喝汤。（山东北部地区）

◎山老鸹，尾巴长，娶了媳妇忘了娘。老娘要吃凉水面，没有现钱补笊篱。媳妇要吃桨水梨，赶了南集赶北集。打了把，削了皮，尝尝好吃再买去。（河北沧县）

这些儿歌，相互之间存在着衍生关系，是过去社会生活的反应。在家庭的人伦之间有此类矛盾，真情实感，以通俗语言表现出来，说明人们对“孝”的观念已经形成。

一般来说，劝孝歌多是从正面说教，即所谓歌颂式的，说明孝顺、尽孝的道理。对于反面即所谓暴露式的，批判逆伦非孝的错误，这类作品不多，在口头文学上也就是《小白菜》《麻野鹊》比较明显。美术上更少，好像只在近代才见有表现。湖北保康县民间的墓前碑石上，有一幅石刻画：画分两格，右边是一个妇女指着左边介绍，像是讲解员一样，上端的眉题是《天下人看不孝》；左边的画面有题榜为“媳妇打（婆）”。媳妇手打脚踢，婆婆摔倒在地。令人深思的是，这两个人都没有头部，不知是刻画者不忍心看到她们的表情故意凿去，还是刻好后被观者出于义愤而铲掉。我只是看到拓片，没有见到原石。因为拓片的其他部分都很清楚，没有头部肯定是人为的，由此可以看出人们对不孝者的厌恶。就在另一幅画面上，本是刻的花卉静物，又在花盆的旁边刻了一只狗，花盆上写着咒语：“恶媳变狗”，明显是针对上幅画而言的。这些都说明人心趋孝。

二、由尽孝而为孝道

“孝道”是奉养父母由感性向理性的上升，由一般行为到遵守准则的规范。关于“孝”的定义、内涵及其外延，一直是人们讨论、研究的命题。前已述及，篆字的初文，“老”字像是一个驼背老人拄着拐杖，“孝”字像是一个老人扶着小孩。《说文解字》曰：“孝，善事父母者，从老，从子，子承老也。”对于“子承老也”研究的人很多。有的认为，“孝”字是老在上，子在下，说明上者对下是养育子女，下者对上是赡养父母，两者互为依靠。有的引申到原始时代，那时人口稀少，特别是由游牧转而定居之后，发展农业生产，需要增加劳动力，祈望繁衍后代，人丁兴旺；而农业生产离不开技术，平时积累的劳动经验往往掌握在老一辈人的手中，也引发了敬老爱幼的观念。还有的认为，古人具有灵魂不灭的思想，人死后升天进入仙界。早期“孝”的观念主要不是对父母而是对祖先的崇拜，祭奠祖先，希望得到祖先的保佑；以后才由敬神过渡到敬人，成为一种人伦道德。

父子协力山成玉　兄弟同心土变金
近代花鸟字版刻对联
河北武强民间年画

长期以来，民间笃守的孝行是非常质朴的，基本上是在家庭、家族的范围之内，主要对象是父与子、兄与弟，其目的是为了协调人伦关系，和睦相处，安定团结，保持父义、母慈、兄友、弟恭、子孝的传统。

父义。义者，威仪、利人、情义。做父亲的教子应有义方，走正道，恩谊久长。

母慈。慈者，爱怜、和善、仁慈。做母亲的应爱抚儿女、慈祥哺幼。

兄友。友者，亲近、友爱、和善。兄对弟要爱护、体贴、团结，同胞若一，亲如手足。

弟恭。恭者，谦逊、恭敬、礼貌。弟对兄要尊重。所谓“友兄悌弟”，敬爱兄长。

子孝。孝者，敬养父母也。儒家的《礼记》说：“孝者，畜也。善于道，不逆于伦，是之谓畜。”[1]即是把赡养父母作为孝的基本内容。畜是畜养，如家畜、牲畜，怎么把赡养父母同饲养禽兽相提并论呢？这不是又回到“孝乌反哺”了吗。比喻和人事并不是一回事。对此，孔子提出了疑问。他说：“今之孝者，是谓能养。至于犬马，皆能有养，不敬，何以别乎？”[2]孟子也说：“孝子之至，莫大于尊亲。”[3]这样，就把人与动物区别开来，将“尊敬”置于“赡养”之上。所谓“敬养”，由敬必然会养，如果不敬，何谈养呢？人世间那些虐待父母的人，敬既不存，也就没有养了。

[1]《礼记・祭统》。
[2]《论语・为政》。
[3]《孟子・万章上》。

《诗经·小雅》中有一篇《蓼莪》，意即长长的莪蒿，是蒿的一种，也叫“抱娘蒿”。写一个孝子长期在外服役，父母死了，回不了家，对双亲不得终养的感慨，想尽孝而无处尽孝。历来被视为是宣扬“孝道”的诗篇：

蓼蓼者莪，	长长的莪蒿，
匪莪伊蒿。	不是莪蒿是青蒿。
哀哀父母，	可怜我的父母，
生我劬劳！	生我多么辛苦！
……	
“缾之罄矣。	“瓶中的酒空了，
维罍之耻。”	是酒缸的耻辱。”
鲜民之生，	孤哀子活在世上，
不如死之久矣！	不如早早死去！
无父何怙？	没有父亲依靠谁？
无母何恃？	没有母亲依赖谁？
出则衔恤，	孤身在外含悲泪，
入则靡至！	回到家中如无家！
父兮生我，	父亲啊生我，
母兮鞠我。	母亲啊养我。
拊我畜我，	抚摸我，养活我，
长我育我，	培植我，教育我，
顾我复我，	照顾我，保护我，
出入腹我。	进进出出关照我。
欲报之德，	想报父母的恩德，
昊天罔极！	却如天际无边！
南山烈烈，	南山巍巍峨立，
飘风发发。	大风哗哗地响。
民莫不穀，	人们过得很好，
我独何害？	我独何故受难？
……	

虞舜是传说中父系氏族社会部落联盟的领袖。据说在他之前，唐尧已执政七十年，让四岳之长推荐接班人。大家都说德行不够，共同推荐了民间一个穷困的人，即虞舜。

他们说：虞舜是“瞽子，父顽，母嚚，象傲。克谐以孝，烝烝乂，不格奸”[1]。这段话的意思是说：虞舜是瞽叟（瞎子）的儿子，父亲固执愚顽，母亲放肆不诚；弟弟叫“象”，傲慢不羁。舜生长在这样一个恶劣的家庭中，却能同他们和谐相处。因为他孝顺，具有美德，能使家庭和睦安定。所谓“克谐以孝，烝烝乂，不格奸”，“克”即能。“烝烝”有两义：一是兴盛，通“蒸蒸”，如蒸蒸日上；二是淳厚。“乂”（yì）是治理，才能出众。“格”是至。“奸”是邪恶不正。也就是说，能够以孝达到和谐，治理家务，也就不会有邪恶的行为了。古人认为，有治家的才能也能治理国家。经过考验之后，唐尧不但将帝位传给了虞舜，并且将两个女儿嫁给了他。

春秋时的曾参是个大孝子。他是孔子的学生，被尊称为曾子、宗圣，提出了“吾日三省吾身”的修养方法。曾参主张“慎终，追远，民德归厚”。即慎重地办理父母的丧事，虔诚地追念祖先。据《礼记·祭义》所记，他将“孝”分为三等，并与他的学生的对话：

> 曾子曰：“孝有三：大孝尊亲，其次弗辱，其下能养。”公明仪问于曾子曰：“夫子可以为孝乎？”曾子曰：“是何言与！是何言与！君子之所谓孝者，先意承志，谕父母于道。参直养者也，安能为孝乎？”
>
> 【白话译文】曾子说：“孝可分为三等：上等是尊敬父母，次等是不使父母受到羞辱，下等是只能赡养父母。”公明仪问曾子道：“您可以算是行孝道了吧？”曾子说：“哪儿的话！哪儿的话！君子的孝，应该能在父母的意志还未表示出来之前，就预先知道，并且按照父母的意志去做。同时又能晓谕父母，使他们的意志合于正道。我只不过做到赡养父母罢了，怎能算是孝呢？”

按照世俗观念，人们是“养儿防老”，对于儿子来说则是“养老报恩”。这一命题带有因果性和功利目的，在儒家学者的观点中却变成了次要的因素。他们把“孝”的观念提到了理论的高度，并使“孝道”有了具体的内涵。

三、孝道的图画

图画是美术的一种，因占有一定空间并诉诸于视觉，故又称作“造型艺术”、“空间艺术”和“视觉艺术”。它能画出具体形象，表现实在的生活，因而为人所重视。唐代

[1]《尚书·尧典》。

张彦远在《历代名画记》中，对于图画的功用，一开始就说："夫画者，成教化，助人伦，穷神变，测幽微，与六籍同功，四时并运，发于天然，非由述作。"从最早的意义说，原始人在岩石或陶器上刻画涂绘，就是为了表达思想，传递信息，最初的文字也是由图画演变而来的。当人们认识到它是一种理想的教化工具时，其作用就更大了。

封建社会的统治者为了控制思想和舆论，很重视对人民的教化，即所谓"政教风化"、"教育感化"。图画作为一种艺术形式，用以成为教化的工具，是非常合适的。有些政教固然可用文字表达，但在古代，识字的人并不普遍，大部分平民百姓（农民、手工业者等）都是文盲，而他们也是被教化的主体，如果使用图画，不仅易于看懂，并且推行起来容易深入人心。

在中国传统文化的发展中，绘画有雅俗之分，如同音乐的"阳春白雪"和"下里巴人"。宋玉说："客有歌于郢（楚都）中者，其始曰《下里巴人》，国中属和者数千人，……其为《阳春白雪》，国中属而和者不过数十人。"[1]这即是所谓"曲高和寡"，美术也是如此。在中国艺术中，除了宫廷艺术具有豪华气派之外，文人艺术强调雅致，民间艺术主张通俗，宗教艺术界于两者之间。鲁迅重视通俗艺术，他说："民间另有一种《智灯难字》或《日用杂字》，是一字一像，两相对照，可看图，主意却在帮助识字的东西，略加变通，便是现在的《看图识字》。文字较多的是《圣谕像解》《二十四孝图》等，都是借图画以启蒙，又因中国文字太难，只得用图画来济文字之穷的产物。"[2]他在与友人的通信中，谈到民间年画（花纸）时说："要为大众所懂得，爱看的木刻，我以为应该尽量采用其方法。不过旧的和此后的新作品，有一点不同，旧的是先知道故事，后看画，新的却要看了画而知道——故事，所以结构就更难。"[3]

"先知道故事，后看画"，是个很重要的现象。对于民间艺术的研究，我们的艺术史论家还没有人注意到这一点。尤其是在旧时的农村，文化的传播主要是靠口传，而不是书本，更没有现代的广播、电视等。口头文学（口承文学）是一种重要的形式。一个农村妇女，不识字、也没有出过远门，但知道很多知识，对于古代神话、传说故事、戏曲人物等，能讲起许多，都是从讲故事人那里听来的。当她看到有关的年画或其他图画时，因为已经知道了内容，感到特别亲切，不但能述说画面中的人物和场景，并且会对艺术的处理作出评论。民间艺术不像文人艺术，很少有直接抒发个人情感的作品，大都是传

[1]［战国楚］宋玉：《对楚王问》，《昭明文选》。

[2] 鲁迅：《连环图画琐谈》，1934年5月9日，收入《且介亭杂文》。

[3] 鲁迅：《致刘岘信》，约写于1934至1935年间（据收信人作木刻《阿Q正传》后记所引抄）。

统题材内容，也是艺术流传的一种形式。汉代的画像石、民间的木版年画以及“二十四孝图”等，都带有这样的特点。

有关孝道的图画，在春节喜庆中也有表现。过去的木版年画，除了刻印欢庆的内容之外，也要祀神祭祖，不忘祖先的恩德。有一种“家堂画”，本是敬老祭祖时悬挂的，上列祖先牌位，画孝子贤孙礼拜。河北武强的一幅《永言孝思》图，也是一种家堂画。外廓是宗庙式的建筑，内中不列先人名讳，只署“三代宗亲”牌位。中间画二老端坐，下边是五男五媳，似是“五子登科”之意。灯烛鲜花，满堂热闹。在画面的左右和下边，分格排列了“二十四孝图”（实际只画了十六孝）。除了祭拜祖先之外，宣扬“孝道”的意图是明显的。关于“二十四孝图”，我们将在后面重点介绍和讨论。

永言孝思

清代“家堂”画

河北武强民间木版年画

第二章

封建社会的“孝廉观”

一、《孝经》——儒家的经典

《孝经》是儒家宣扬孝道和孝治思想的经典。它的版本较多、也较乱。作者是谁，说法不一，在多种推测中以孔门后学所作较为合理。《孝经》在汉代有今文、古文两本。所谓“今文本”，为东汉经学家郑玄注，分十八章；“古文本”为西汉经学家孔安国注，分二十二章。孔注本已亡，有隋代伪作传世。唐开元七年（719），唐玄宗李隆基命诸儒鉴定今、古文两本《孝经》，会集六家说为注，刻石于太学。天宝二年（742）又重注颁行。郑注本和伪孔注本，由此并废。

现今通行的《孝经》，为《十三经注疏》本，即唐玄宗注和宋邢昺疏的版本。

历代帝王注《孝经》的很多。先后有战国时期的魏文侯、东晋元帝司马睿、东晋孝武帝司马曜、南朝梁武帝萧衍、南朝梁简文帝萧纲、唐玄宗李隆基、清世祖顺治帝福临、清圣祖康熙帝玄烨、清世宗雍正帝胤禛等。这些帝王，为什么对《孝经》特别感兴趣，为其作注呢？不是为了风雅，而是把“孝道”看作一切道德的根本，不但是治理国家的要道，也是普通百姓为人处世的基本道德准则。《孝经》的文字不长，也较通俗，经注释后多作为启蒙教育的教材。这种做法眼光看得很远，意在幼小的心灵上打上“孝道”的烙印。

以上这些注释本多有散失，我所读到的是一早一晚两个版本。早者是唐玄宗的注本，为《十三经注疏》之一；晚者是清世祖的注本，为清王朝最后一年（宣统三年，1911年）的石印本。后者是一本带插图的蒙学读物，书名是《御注绘图孝经》，并且加了“新增二十四孝全图”的副题。

《孝经》的内容涉及的方面很多，已从孝敬父母大大地扩展开来。共分十八章：第一章《开宗明义》为总论，阐明孝的根本，孝道的宗旨。实际上是孔子与曾参的一段谈话：

> 仲尼居，曾子侍。子曰：“先王有至德要道，以顺天下，民用和睦，上下无怨，汝知之乎？”曾子避席曰：“参不敏，何足以知之？”子曰：“夫孝，德之本也，教之所由生也。复坐，吾吾汝！身体发肤，受之父母，不敢毁伤，孝之始也。立身行道，扬名于后世，以显父母，孝之终也。夫孝，始于事亲，中于事君，终于立身。《大雅》云：‘无念尔祖，聿修厥德。’”

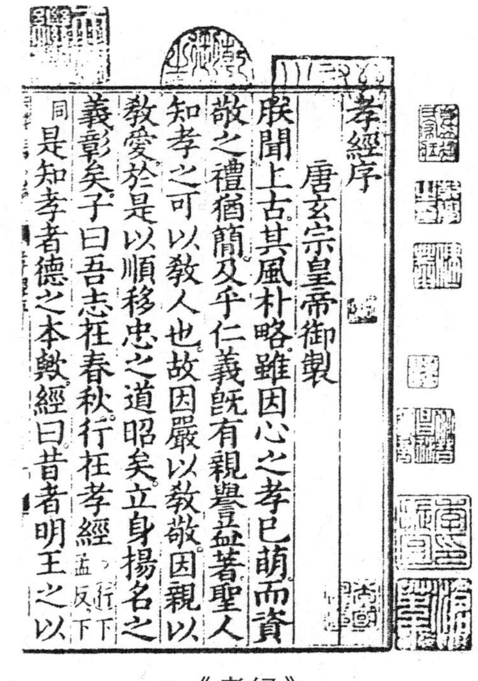
孝經序
唐玄宗皇帝御製
朕聞上古其風朴略雖因心之孝已萌而資敬之禮猶簡及乎仁義既有親譽益著聖人知孝之可以教人也故因嚴以教敬因親以教愛於是以順移忠之道昭矣立身揚名之義彰矣子曰吾志在春秋行在孝經行下孟反下同是知孝者德之本歟經曰昔者明王之以

《孝经》
唐玄宗注（宋刊本）

孔子所谈之“孝”，所谓“始于事亲，中于事君，终于立身”，主要在于“事君”，也是封建统治者最感兴趣的要点，即以此树立“忠君”的观念。忠即孝，“君君，臣臣，父父，子子”，实际便是突出一个“忠”字。在古代常把“忠孝”和“孝义”联称，其意义即在于此。

《孝经》的第二章至第六章，分别论说天子、诸侯、卿大夫、士和庶人之孝。在那时，人有贵贱之分和上下尊卑之别，对孝的要求也有区别，不会一样。天子之孝主要是爱敬于人，德教加于百姓，使民众有所依赖。诸侯之孝是谦虚审慎，以保持社稷稳固。卿大夫之孝，是在各方面严格遵守礼制，为民众做出表率。士之孝应以事父母的爱与敬，去事君以忠，事上以顺。庶人之孝就是努力生产，谨慎节用，供养父母。统称为“五孝”。

《孝经》的以下各章，论述了孝的意义和方法等，甚至认为孝符合于天地运行和人的本性。而主要的是利用孝道使天下得到治理。历史上那种挟制君主、非议圣人和目无父母的不孝行为，都是天下祸乱的根源。

这样，通过孝道就把封建社会所有的道德观念串联了起来，成为封建社会“政教风化”的重要手段。

东汉史学家班固说：“夫孝，天之经，地之义，民之行也。举大者言，故曰《孝经》[1]。敦煌本郑氏序说：“夫孝者，盖三才之经纬，五行之纲纪。若无孝，则三才不成，五行僭序。

[1]《汉书·艺文志》孝经类小序。

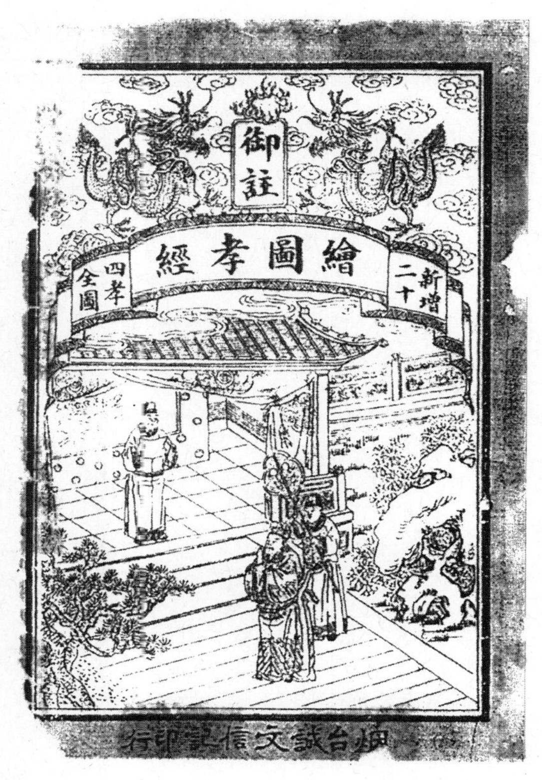

《御注绘图孝经》
（新增二十四孝图）
清世祖注
上海锦章书局石印
烟台诚文信记翻印
清宣统三年（1911）

《御注孝经》图
卷首画

是以在天则曰至德，在地则曰愍（忧伤，哀怜）德，施之于人则曰孝德。”[1] 这是孝之大则，已达极致了。再往前走，“上天”就会出来参与了。你看，汉朝的那个郭巨，为了赡养母亲，要把儿子埋掉，挖坑时不是挖出一盆黄金吗？

关于孝道的图画，自古以来大都是画孝行故事，从未听说有为《孝经》配图的。若干年前我竟在地摊上搜集到一本《御注绘图孝经》，并且附有二十四孝图。虽是一本不显眼的童蒙读物，又是晚清时期的石印本，但从研究孝道图的角度看，却是值得注意的一份资料。

所谓“御注”，是清世祖顺治皇帝所作。图有两种：一种是画《孝经》原文或注释的语句，另一种是世俗流行的“二十四孝”，两者混杂在一起，共48幅；书前有一幅全页的卷首画，题为《御注孝经》，画中的执笔者当是顺治皇帝福临。这是一种用单线勾勒的石印画，技巧一般，无作者姓名，书后记有“田慰农书”字样，不知是否由他所画。

［1］转引自汪受宽《孝经译注》，上海古籍出版社，2007年。

《御注绘图孝经》十八章，每章都有插图。第一章《开宗明义》有四幅，开头的两幅便是“二十四孝”中的《孝感动天》和《啮指心痛》，分别为两个孝子的事迹。这两个孝子是谁呢？我们在前已经提到，但没有谈他们的具体孝行。一人是传说中的远古帝王虞舜，一个是春秋时的曾参。曾参小时候家贫，每天到山中打柴，母亲一个人在家。一天有客人来，但曾参未回，母亲着急，咬了自己的手指，曾参感到心痛，以为家里有事，赶紧回家。这便是尽孝的“感应”说。虞舜小时，家人品行不好，都不劳动，让他一人耕田。他毫无怨言，独自为耕，由此感动了上天，派大象来替他耕田，群鸟也来帮助耘地。这本是讲故事，怎么可能呢？

孝感动天 · 啮指心痛

《御注绘图孝经》第一章插图：“二十四孝”图二幅

父母全而生之·以显父母

《御注绘图孝经》第一章原文和注释图解二幅

《开宗明义》的另外两幅插图，是《父母全而生之》和《以显父母》。前者是对孔子所说“身体发肤，受之父母，不敢毁伤，孝之始也”的注释，画了一对父母为初生儿进行洗浴。后者是《孝经》原文，孔子说：“立身行道，扬名于后世，以显父母，孝之终也。”画的是儿子做了官，穿着朝服拜见父母。

《御注给图孝经》除第一章《开宗明义》是总论外，其他各章都是分别论述某一方面。如第六章为《庶人章》，论述平民百姓之孝，也是四幅插图，两幅是“二十四孝”的，另两幅是对原文语句的图解。“二十四孝”的两幅，为唐代唐夫人《乳母不怠》和晋代吴猛《恣蚊饱血》。吴猛八岁，事亲至孝，因家贫夏天没有蚊帐，至夜就躺在床上任蚊虫叮咬，蚊虫吃饱之后，就不会再去叮咬双亲了。唐夫人的婆母年高无齿，不能吃饭，影响健康。唐夫人每天早晨梳洗之后，便以自己的奶喂养婆母，数年不辍。两个人，一男一女，一老一幼，都是平民尽孝。

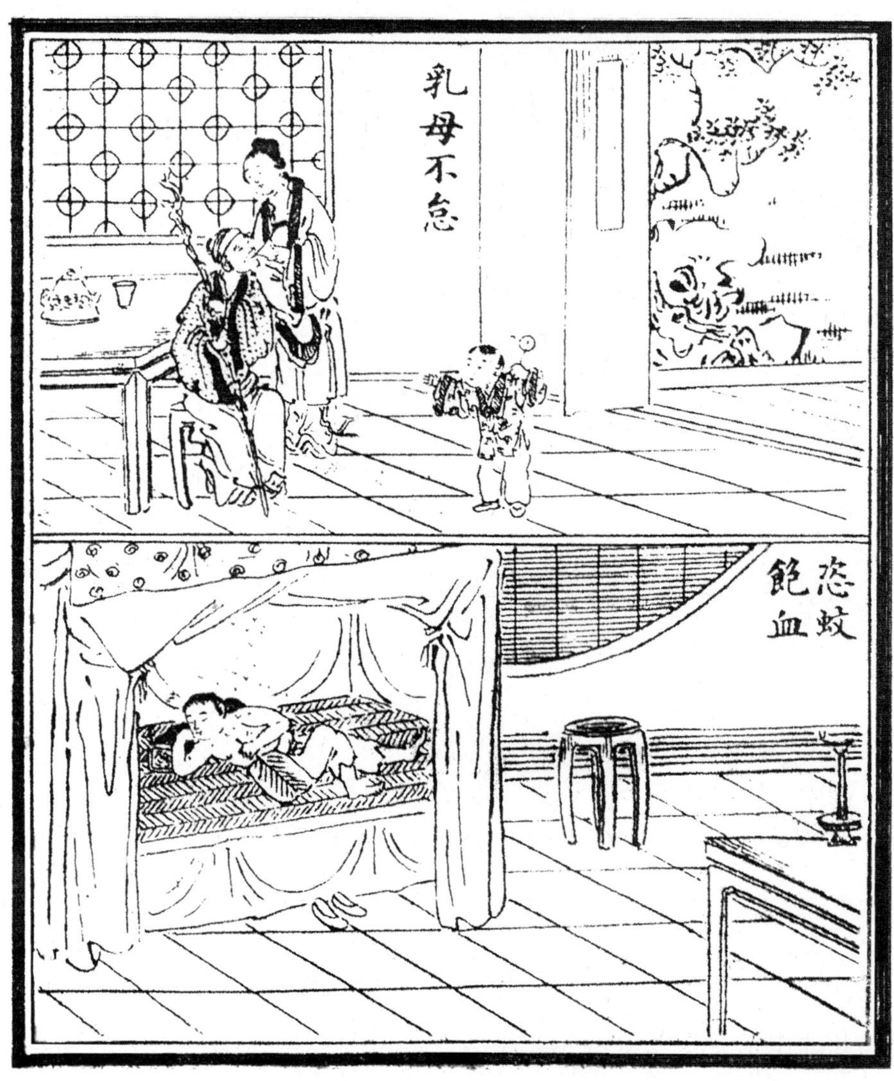

乳母不怠・恣蚊饱血

《御注绘图孝经》第六章插图：“二十四孝”图二幅

《庶人章》的原文说;“用天之道，分地之利，谨身节用，以养父母，此庶人之孝也。”插图《用天之道》画农民在稻田里插秧;《分地之利》则画两人正在伐木。

《绘图孝经》是一本童蒙读物，加上“二十四孝”图，无疑更丰富了，也更杂乱了。目的是学孝道,反而会迷茫于孝道。关于“孝感”的迷信,我们将在以下讨论。单独看《孝经》及其注释，它的功利目的和说教性是很强的。实际上成了封建社会进行政治教化的一种工具。

用天之道·分地之利

《御注绘图孝经》第六章原文语句图解二幅

二、孝廉与“举孝廉”

孝与廉，是中国古代两种不同的道德观。孝是子女善事父母、亲祖的伦理义务与行为；廉是廉洁，俭约，对官员则是克己奉公、廉洁不贪的道德义务。因此，孝与廉连称，成为做人的基本道德标准。

在中国古代人的思想中，“孝”的观念早于“廉”，也大于廉，被视为一种美德，大行于天下，所谓“百善孝为先”。《孝经 · 开宗明义章》孔子说：“文孝，德之本也，教之所由生也。……夫孝，始于事亲，中于事君，终于立身。”由此看来，任何德行都是与孝相联系的。

对于“廉”，早在《周礼》中已经提出，是作为审查官吏的标准。《周礼》在汉代之前称《周官》，西汉末列为经而属礼，故为《周礼》，分天官、地官、春官、夏官、秋官、冬官六篇。汉代时“冬官”已阙,便补以《考工记》,实际不是一回事。《周礼·天官冢宰》既是篇名又是官名。冢宰为六卿之首，“掌邦治，统百官，均四海”，是官府中最大的官。官府的大小官吏很多，必须有行为规范。制定了六种考绩方法，来考核官吏们的政绩，即所谓“弊群吏之治”。这六种方法也称“六廉”：

一曰廉善，是否能把应做的事情做好；

二曰廉能，能否彻底地推行政令；

三曰廉敬，处理公务是否谨慎勤勉：

四曰廉正，对待问题是否公正廉直；

五曰廉法，做工作是否守法；

六曰廉辨，能不能明辨是非。

管仲把廉洁看得很重，认为不仅是个人的道德修养，更重要的是治理国家的成败关系国家的命运。他认为礼、义、廉、耻是“国之四维”，就像系在网的四角之上的绳索，有了它，网的纲、目才可以顺利提起、张开。他说：“四维张则君令行”，“四维不张，国乃灭亡”。

《管子 · 牧民》说：

> 国有四维，一维绝则倾，二维绝则危，三维绝则覆，四维绝则灭。倾可正也，危可安也。覆可起也，灭不可复错也。何谓四维？一曰礼，二曰义，三曰廉，四曰耻。礼不逾节，义不自进，廉不蔽恶，耻不从枉。故不逾节则上位安，不自进则民无巧诈，

不蔽恶则行自全，不从枉则邪事不生。

为人处事，有礼，就不会超越应守的规范；有义，就不会妄自求进；有廉，就不会掩饰过错；有耻，就不会趋从坏人。在世上，哪有不尽孝道、不知廉耻的人能够做好工作、报效国家的呢？

因此，在古代科举制度之前，国家选拔人才、推举官员，“选贤与能”，把孝与廉当作两个基本条件，叫做“举孝廉”，

古有四民。《汉书·食货志上》说：“士农工商，四民有业：学以居位曰士，辟土殖谷曰农，作巧成器曰工，通财鬻货曰商。”由士而为官，须经地方推荐，以孝、廉为标准，即为“举孝廉”。汉武帝元光元年（公元前134年）“初令郡国举孝廉各一人”，此为孝廉分开，是两个科目，后来又合为“孝廉”一科，郡国岁举孝廉的制度从此确立。到东汉时，举孝廉成为仕进者的重要途径。

在民间，围绕着举孝廉的规定，成为读书人进取的目标。由举孝廉而进身为官的，也反映在汉代的画像石中。如山东嘉祥著名的武氏祠，虽然地面上的祠堂早已不存，只有一块块巨大的石板，但能看到石面上所刻的画像。据考证，这些画像在当年分属于四个祠堂，在武梁等四人中，有三人是被举孝廉的。

祠堂的画像中，有一幅称作《楼阁燕居》图的，墓主人端坐楼阁之中，两边有侍者陪从，很有气派。楼阁之外有阙，车马停在树下。人们看这幅图时，不论是研究者还

楼阁燕居图

山东嘉祥汉代武氏祠画像石（前石室第三石）

（图下层为车骑出行，图左部有一棵大树）

是观赏者，都注意到楼阁外边有一棵奇异的大树，枝干编结得颇有装饰意趣，说明刻画者是下过意匠功夫的。这是一棵什么树呢？有的说是连理树，有的说是扶桑树，都是推测，并无依据。如果仅此一例倒也罢了，问题是在武氏祠有两幅基本相同的；武氏祠之外，在嘉祥县的宋山画像中有三幅，南武山画像中有一幅，所刻之树也大同小异。在山东其他地方，也有相类似的，好像有一种隐喻在内，并非一般的场景之物。

1972年至1973年，在内蒙古和林格尔发掘了一座大型东汉墓，墓主被举孝廉，累官至使持节护乌桓校尉。墓室有壁画百余平方米，其题材内容与画像石墓相似，而且都有墨书题榜，多达250条。其中也有“楼阁燕居”之旁的这棵大树，树身之旁有四个小字的题榜，写着“立官桂树”。

立官桂树
（汉代壁画摹本，树下有榜题）
内蒙古和林格尔汉墓出土

为什么叫“立官桂树”呢？

这棵桂树，可能就是神话“月中有桂”的那棵桂树，所谓“桂子飘香”、“桂林一枝”。仙人桂父食桂叶与龟脑，练形而易色，如童子一般。人们用桂花编织桂冠，取其清香高洁之意。后来的科举称科考为“桂科”，及第为“折桂”。在这些典故之前，汉朝人已看中了桂树的这一特性，当作举孝廉而“立官”的象征了。就像汉朝人想象的“摇钱树”一样，标志着发财致富的愿望，成为一种心理慰藉。“立官桂树”也可慰藉士子之心，谁不想仕途顺利呢？一旦他们功成名就，对于心目中的那棵“立官桂树”，是不会忘记的。你看图画中“楼阁燕居”之外的那棵大树，树上有鸟，树下有弯弓之人，那不是射猎，而是隐喻猎取功名。否则，哪有在自己的厅堂之外狩猎的呢？

山东微山县两城出土的一幅《女黄牵马图》，是刻在一座小祠堂中的。图的右侧刻有题记，是以女主人女黄的口吻说的。时间是东汉永和二年（137）九月。题记两行，说：

> 永和二年大岁卯，九月二日，弟乡广里决□昆弟男女四人，少□□□复失慈母，父年（下缺，为第一行）
>
> 时经有钱刀自足，思念父母，弟兄悲哀，乃治冢小食堂，传孙子，石工刑（邢）螟□□□□，财弗直万（下缺，为第二行）

文字漫漶不清。大意是说：女黄和她的两个弟弟，早失母亲，三

女黄牵马图

（汉代画像石）

山东微山县两城出土

（右为本图的题记）

人跟父亲一起生活，经济还算宽裕。现在父亲又去世了，弟兄非常悲哀。他们思念父母，建造了这个小祠堂，传给子孙。请石工邢螟刻画，用了一万钱。

读了这个题记，再看图，便容易理解了。

画面的主体是一棵“立官桂树”，树上有仙界的羽人、人首鸟和凤鸟，以及现实的飞鸟，有榜题者曰“山鹊”、“蜚鸟”、“乌生”。树下有三人：左边两个男孩作弯腰射箭状，榜题是他们的名字：“长卿”和“伯昌”；树右是一妇女牵马，榜题的名字是“女黄”。现在，我们把鸟、树和树下的姐弟三人联系起来，说明了什么呢？树上的鸟，特别是由“乌生”会联想到“孝乌”。它们所栖之树也就是“举孝廉”之树。女黄为何牵着马在此树下呢？因为两个弟弟——长卿和伯昌还小，一定要扶持他俩成长，刻苦读书，尽守孝道，猎取功名，举为孝廉。由此看来，“女黄”是很有心计的，因为花大钱修画像石墓，其本身就有宣扬孝子的意图。

三、刘向的《孝子传》和《列女传》

刘向（约公元前77年—公元前6年），西汉经学家、目录学家、文学家。本名更生，字子政，沛（今江苏沛县）人。汉皇族楚元王（高祖弟刘交）四世孙。治《春秋谷梁传》。十二岁任辇郎（宫廷中引御辇的官），二十岁时提拔为谏议大夫（掌论议）。曾用阴阳灾异推论时政得失，屡次上书劾奏外戚专权。元帝时因反对宦官弘恭等被捕，免官入狱。成帝时复出，更名向，任光禄大夫，官至中垒校尉。他是位学者，所思考的是对学问的分析概括和历史的发展逻辑。曾校阅群书，总结上古至汉代的学术成果，每看一部书便写出提要，分类汇总，撰成《别录》，为我国目录学之祖。所作《九叹》《清雨华山赋》等辞赋33篇，大部分已亡佚。原有文集，也已不存；明代人辑有《刘中垒集》。著有《洪范五行传》《新序》《说苑》《五经通义》（清辑本）等。

对于孝道和义举，刘向不作空泛的议论，认为关键在于社会风气的形成。他很重视人的实际行为和榜样的作用。他写过《孝子传》和《列女传》，开启了为孝子义女立传的风气，对于宣扬封建伦理道德的孝义，影响很大。今《孝子传》已佚，据清代茆泮林考证：“刘向《孝子传》，隋唐志皆不著录，惟《玉海》引唐许南容策京兆称：刘向修孝子之图。”并收入他所辑的《古孝子传》中。《列女传》仍存，共七卷，分母仪、贤明、仁智、贞顺、节义、辩通、孽嬖（宠爱）七类，列记古代妇女的事迹104则，每则都有赞语，以宣扬封建礼教。由汉末方士托名于刘向而伪作的《列仙传》，也仿照这个体列；同样影响到后代的《二十四孝》。

《列女传》
汉刘向撰
湖北崇文书局刻印
清光绪三年

古孝子傳
茆泮林輯

《古孝子传》
茆泮林辑
商务印书馆《丛书集成》
铅印本

自刘向之后，历代记述孝子事迹和传说的《孝子传》有多种。《隋书·经籍志》著录有王昭之《孝子传赞》三卷，晋萧广济《孝子传》十五卷，南朝宋郑缉之《孝子传》十卷，师觉授《孝子传》八卷，宋躬《孝子传》二十卷，缺名《孝子传》二卷。书皆亡佚。清代茆泮林搜集佚书八种的若干条目，辑成《古孝子传》，包括：

（一）刘向《孝子传》，辑有：舜、郭巨、董永。

（二）萧广济《孝子传》，辑有：曾参、闵损、杜孝、隗通、辛缮、施延、王鵕、妫皓、伏恭、萧芝、邢渠、伍袭、文让、申屠勋、宿仓舒、王脩、王祥、桑虞、郭世道、郭原平、何子平、朱百年、陈元、邓展、展勤、萧国、殷恽、杜牙、三州、魏阳、五郡孝子。

（三）王歆《孝子传》辑有：竺弥。

（四）王韶之《孝子传》，辑有：周青、李陶、竺弥。

（五）周景式《孝子传》，辑有：管宁、荆树连阴、猴母负子。

（六）师觉授《孝子传》，辑有：闵损、老莱子、仲子崔、北宫氏女、魏连、赵徇、程曾、吴叔和、王祥。

（七）宋躬《孝子传》，辑有：郭巨、夏侯䜣、韦俊、伍袭、缪斐、纪迈、张景允、宗承、吴坦之、桑虞、贾恩、邱杰、陈遗、孙棘、何子平、王灵之、华宝、韩灵珍。

（八）虞盘佑《孝子传》，辑有：曾子、华光。

以上所辑，只有70多个孝子，都是别书所引者，可说是凤毛麟角，难窥全豹了。

由此可以看出，中华民族重孝之美德，已深入人心，成为风气。而孝子传的风行，不但是对尽孝者的赞美，也为人们提供了孝行的榜样。有了文字的记事，作为一种题材，必然会产生图画的描绘。因为图画的形象不依靠文字，而是诉诸视觉，传播的面会更大，受众者也更多。

本书之旨，不是专门研究中国人的孝和孝道的，而是从艺术的角度，审视这一题材在古代美术中的表现。以下，将对各个时代的孝行图重点进行介绍。

第三章

汉代画像石中的孝行图

一、嘉祥武氏祠画像孝行图

嘉祥武氏祠在山东嘉祥县武宅山北麓，是东汉武氏家族墓园的一部分。过去叫“武家林”，其中有武梁、武开明、武荣、武班四人的墓室和祠堂，以及石阙、石碑、石狮等。祠堂为石建，故也称“石室”。四个石室早就塌毁，分解成刻满画像的大石块和石碑、石狮等，埋入地下，有的露出了一部分。武梁祠发现较早，在宋代人的金石著录中已有记载。有的摹刻画像的拓片，说是“汉石唐拓”，据后人考证，那“唐拓”并非唐代的拓片，而是唐姓人收藏的拓片。清代曾进行发掘，除了武梁祠的画像之外，其他几人的祠堂画像已难于确认，只好将存放之处称作“前石室”、“后石室”和“左石室”；连同武梁祠石室，画像石共44块，有几块在清末民初已被人盗至海外。有的画像已经模糊不清。清代冯云鹏、冯云鹓将武梁祠画像进行摹刻，收入所辑的《金石索》中。在各地出土的数以万计的汉代画像石中，表现人文和社会生活题材的以武氏祠画像最丰富，尤其是武梁祠，虽然只有三石，所刻历史故事却最多，仅孝行图就有十多幅。

武氏家族的成员不见于史籍，我们所了解的主要依据他们的墓碑。武梁原有碑，早已不知去向。好在宋代洪适的《隶释》中记有碑文：

> 汉故从事武掾，掾讳梁，字绥宗。掾体德忠孝，岐嶷有异。治韩诗经，阙帻传讲。兼通河洛、诸子传记。广学甄徵，穷宗典□，靡不□览。州郡请召辞疾不就。安衡门之陋，乐朝闻。诲人以道，临川不倦。耻世雷同，不窥权门。年逾从心，执节抱分，始终不贰。弥弥益固，大位不济，为众所伤。年七十四，元嘉元年季夏三日遭疾陨灵。呜乎哀哉。孝子仲章、季章、季立，孝孙子侨，躬修子道，竭家所有，选择名石，南山之阳。擢取妙好，色无斑黄。前设坛砠，后建祠堂。良匠卫改，雕文刻画，罗列成行。摅骋技巧，委虵有章。垂示后嗣，万世不亡。其辞

曰：懿德玄通，幽以明兮。隐居靖处，休曜章兮。乐道匆荣，垂兰芳兮。身殁名存，传无疆兮。

读一读武梁碑的碑文是很有意思的，不但可以了解他本人，并且有助于认识他所处的时代和社会。从中看出，武梁在文学和史学方面有一定修养，本人是个儒生，他研究过《诗经》《易经》等，能够“阙帻传讲”，难怪在他的祠堂中文化氛围最浓。很明显，这个小小的石室是经过精心设计的。当然，设计者不一定是武梁本人，也可能是他的儿子或孙子，由此体现了武梁的风格和特点。另一方面，对于死者纪念物的规模和表现出的水平，说明了“孝子”尽孝的程度，关系着“举孝廉”。否则，为什么会说“竭家所有”，还有的表明用了多少钱呢？

就画像石而言，武氏祠所刻的孝行图有：

1.《曾母投杼》

表现曾子（曾参）青少年时的孝行故事。画面为曾母坐在织机上正在织布，回头向左指着儿子，即跪着的曾参。题榜曰：“曾子质孝，以通神明，贯感神祇，著号来方，后世凯式，以正橅纲。”下方隔栏上刻：“谗言三至，慈母投杼。”这个故事并非直接表现曾参的行为，而是由此反映了“曾子之贤”和“曾母之信”，但经不起谗言的重复。

《曾母投杼》的故事，见于《战国策·秦策》，甘茂对秦武王曰：

曾母投杼

山东嘉祥汉代武氏祠画像石（武梁祠西壁）

吉者：曾子处费（在费国），费人有与曾子同名族者而杀人，人告曾子母曰：“曾参杀人。”曾子之母曰：“吾子不杀人。”织自若。有顷焉，人又曰：“曾参杀人”。其母亦织自若也。顷之，一人又告之曰：“曾参杀人。”其母俱，投杼逾墙而走。夫以曾参之贤与母之信也，而三人疑之，则慈母不能信也。（末之“信”字，高诱注：“犹保也。”）

画像中的孝道图，凡是画孝行者，多是指某人某事的具体行为。关于曾参的孝行故事，后来的图像，主要表现他在山中打柴时的“啮指心痛”，强调了母子之间的心灵感应。

2.《闵子骞失棰》

闵子骞即闵损。孔子的学生，以德行著称。《论语·先进》：“子曰：‘孝哉闵子骞！人不间于其父母昆弟之言。’”武梁祠西壁的画像，表现闵子骞赶车失棰。“棰”即短棍子或马鞭子。因为严冬天寒、衣服单薄，手脚冻得麻木，致使掉棰。画面题榜曰：“闵子骞与假母居，爱有偏移：子骞衣寒，御车失棰。”父亲坐在车上，回头伸出手来，抚摸儿子的身体。《艺文类聚》卷二十引刘向《说苑》（今本无）曰：

> 闵子骞，兄弟二人。母死，其父更娶，复有二子。子骞为其父御车，失辔（马缰绳），父持其手，衣甚单，父则归，呼其后母儿，持其手，衣甚厚温，即为其妇曰：“吾所以娶汝，乃为吾子。今汝欺我，去无留。”子骞前曰：“母在一子单，母去四子寒。”其父默然。故曰：孝哉闵子骞，一言其母还，再言三子温。

这个故事亦见于师觉授《孝子传》中，只是少了一个同母兄弟。武氏祠的画像，除了此幅之外，在前石室第七石中还有一幅，可惜剥蚀太重，看不清了。

闵子骞失棰

山东嘉祥汉代武氏祠画像石（武梁祠西壁）

（据清代《金石索》摹刻本修补）

3.《老莱子娱亲》

老莱子是春秋时期楚国的隐士，据说因避乱世而隐居于蒙山之下，以农为生。楚王听说他是个贤人，请他出来做官，他为了躲避，带着妻子迁移到了江南。《汉书·艺文志》将老莱子归为道家，有著作十六篇，久已佚失。但后人多记述他是个孝子。

《太平御览》卷四一三引师觉授《孝子传》说：

> 老莱子者，楚人。行年七十，父母俱存，至孝蒸蒸（孝顺）。常着斑斓之衣，为亲取饮，上堂脚跌，恐伤父母之（心），僵（倒下）仆为婴儿啼。孔子曰：“父母老，常言不称老，为其伤老也；若老莱子，可谓不失孺子之心矣。”

关于老莱子娱亲的孝行故事，武氏祠画像中刻有两幅。一幅在武梁祠西壁，有题榜曰：“老莱子，楚人也。事亲至孝。衣服班连（斑斓），婴儿之态，令亲有欢。君子嘉之，孝莫大焉。”画面中老莱子的父母坐在左首的榻上，右边是老莱子跪在那里，手扶一杖，杖端有物飘然，伸出一臂似有什么动作。在老莱子与双亲之间，有一个手持圆形物而站立的妇女，恭敬地面向双亲。这个妇女多认为是老莱子之妻。须要说明的是，她手中的那个圆形物是一只盘子，盘中隐约看出有两个耳杯，是为双亲送食。这是汉代人习惯使用的一种“平面画法”。因为那时没有透视学，也不会“呈角画法”，为了说明盘子是圆的、并且在盘中盛着东西，便将盘子竖了起来，虽然看得清楚了，但现代人却会笑着说：上面的东西也放不住了。

老莱子娱亲（一）

山东嘉祥汉代武氏祠画像石（武梁祠西壁）

（清代《金石索》摹刻本）

武氏祠的另一幅《老莱子娱亲》图，在前石室第七石。有榜无字，与前图不同的是，少了画面中间的老莱子的妻子。但那个盛食物的盘子还在。放在了地上，仍然是竖起来的。老莱子确实老了，手扶着鸠杖，表明他已经七十岁了。左右上端两角的鸟兽与主题无关，是填补空间的陪衬。

老莱子娱亲（二）

山东嘉祥汉代武氏祠画像石（前石室第七石）

4.《丁兰供木人》

这一故事武氏祠有两幅，一幅在武梁祠西壁，一幅在左石室第八石。后者较简，明显是前者画面的一部分。前者的题榜是："丁兰二亲终殁，立木为父，邻人假（借）

丁兰供木人（一）

山东嘉祥汉代武氏祠画像石（武梁祠西壁）

物，报乃借与。” 画丁兰跪在木人面前，后面是他的妻子，还有一条狗。但木人只有一个，有的说是父亲，有的说是母亲。

丁兰，汉代河内（今河南省黄河北岸地区）人。相传从小失去父母，长大后思念双亲，因未尽其孝，便刻木为人，当作父母供养。据说“事之若生”，木人竟然有灵，于是宣扬由孝而“通于神明”。

在后人传说中，演绎成传奇故事，说是木人能有表情。邻人到他家借东西，丁兰不在家，他的妻子先拜木人，向木人报告。如果“母颜和即与，不和即不与”。邻人不信，以为“枯木何知？”有人多管闲事，到他家里用棍棒敲打木人，木人落了泪。还有的说，在丁兰不在家时，有邻人醉酒后莽撞地用刀斧将木人劈了，木人流出了血。丁兰回家后，悲哀异常，要为母报仇，持剑将邻人杀了。于是，丁兰被捕。但官方并没有给丁兰治罪。有的说“郡县嘉其至孝通于神明，图其形象于云台”；也有的说他“以木感死”（以孝敬木人感动了死者），“汉宣帝嘉之，拜太中大夫者也”。三国（魏）曹植《灵芝篇》歌咏道：

丁兰供木人（二）
山东嘉祥汉代武氏祠画像石
（左石室第八石）

丁兰少失母，自伤早孤茕。（茕，孤单，无依靠。）
刻木当严亲，朝夕致三牲。（三牲：牛、羊、猪。这里表示敬重。）
暴子见凌侮，犯罪以亡形。（暴子，指邻人。亡形，忘刑。）
丈人为泣血，免戾全其名。（丈人，指木人。戾，有罪。）

从现有资料看，这些故事可能晚于武氏祠，在武家的画像中只是刻了“供木人”，并没有提到劈木杀人之事，也或是避而不谈，另有看法。

5.《三州孝人》

三个互不相识的异乡人——两个孝子和一个老人，同会于树下，相约结为父子。此画刻于武梁祠东壁，题榜为：“三州孝人也”。画面较简，只画两个孝子向老人揖拜，剥蚀也很严重。故事内容见于萧广济《孝子传》：

三州孝人者，各一州人，皆孤单茕独。三人间会树下息，因相访问。老者曰：“宁可合为断金之业邪？”二人曰：“诺。”即相约为父子。因命二人于大泽中作舍，且欲成。父曰：“此不如河边。”二人曰：“诺。”河边舍几成，父曰：“又不如河中。”二人复填河，二旬不立。有一书生过之，为缚两土肫投河中。会父往，呼止之曰：“尝见河可填耶？观汝行尔。”相将而去。明日俱至河边，望见河中土高丈余。

这个故事颇像寓言，表现了两个儿子由孝而产生的恒心，也从侧面看出，人的孤独是很可怕的。在此画面中，因在两个儿子与父亲之间有一个高高的形体，有人释为一人跪拜。这样，就由“三州孝人”变成了四人，难以圆说。仔细观察，那不是一个跪着的人，而是他们堆起的土墩。

三州孝人
山东嘉祥汉代武氏祠画像石
（武梁祠东壁）

6.《魏汤报父仇》

画面在武梁祠东壁，题榜只标明“魏汤”和“汤父”。画题《魏汤报父仇》是参考了有关故事介绍而定。本图表现的是报仇的起因，而不是结果。

魏汤的故事见于萧广济《孝子传》：

魏汤，少失母，独与父居邑，养蒸蒸（敬顺），尽于孝道。父有所服刀戟，市南少年欲得之，汤曰：“此老父所爱，不敢相许。”于是，少年殴挞（敲打）汤父，汤叩头拜谢（请求）之。不止。行路书生牵（制）止之，仅而得免。后父寿终，汤乃杀少年，段其头以谢父墓焉。

这个“市南少年”太可恶了，不但夺人之爱，并且动辄打人，真是霸道。此图所表现的正是他殴打汤父之时。汤父跪在他面前哀求；魏汤也跪在父亲的身后，举起双手，乞求市南少年放过他的父亲。并没有画复仇的场面。

魏汤报父仇
山东嘉祥汉代武氏祠画像石
（武梁祠东壁）

7.《颜乌负土筑墓》

在武梁祠的画像中，孝行图的题榜里没有“颜乌”之名。只有“孝乌”。画乌鸟站在一棵大树上。日本京都大学藏有一本无名氏的《孝子传》（巫鸿《武梁祠》引），记载着颜乌为父负土筑墓的故事，可与孝乌联系起来：

> 颜乌者，东阳人也。父死，葬送躬自，负直筑墓，不加他力。于时其功难成，精信有感，乌鸟数千，衔块加填，墓忽成。尔乃乌口流血，块皆染血。以是为县名，曰乌阳县。王莽之时，改为乌者县也。

明代《寰宇通志》卷二八“金华府·义乌县”亦载有“孝子颜乌，负土成坟”的传说。今义乌汉为乌伤县，唐改名义乌。

颜乌负土筑墓
山东嘉祥汉代武氏祠画像石
（武梁祠东壁）

8.《赵徇孝父》

赵徇孝父

山东嘉祥汉代武氏祠画像石

（武梁祠东壁）

武梁祠东壁画像石，原石剥蚀严重，画面已很模糊，只能看出轮廓，当是汉代赵徇的故事。师觉授《孝子传》说：

> 赵狗（徇），幼有孝性。年五六岁时得甘美之物，未尝敢独食，必先以哺父。父出，必待还而后食。过时不还，则倚门啼以候父。至数年，父没。狗（徇）思慕羸悴（瘦弱），不异成人。哭泣哀号，居于冢侧。乡族嗟叹，名闻流著。汉安帝时，官至侍中。

清代《金石索》没有摹刻这幅画，只是将题榜拓出。赵徇刻作"赵䐤（循）"。原石上的画面为一个老人坐在矮榻上，右旁是一个孩子面对老人，两人手臂相接触，看起来很亲热。上方有一条似狗的动物，与故事内容无关，可能因为画面太空，画上家畜作陪衬。

9.《孝孙原穀》

武梁祠东壁画像石，原石已残，《金石索》只载其题榜："孝孙"、"孝孙父"和"孝孙祖父"。画面模糊，仅能看出大体轮廓。《太平御览》卷五一九引无名氏《孝子传》曰：

> 原穀者，不知何许人。祖年老，父母厌患之，意欲弃之。穀年十五，涕泣苦谏。父母不从，乃作舆，舁（两人抬之）弃之。穀乃随收舆归。父谓之曰："尔焉用此凶具？"穀云："恐后父老，不能更作，是以取之尔。"父感悟愧惧、乃载祖归侍养。克己自责，更成纯孝，穀为纯孝孙。

这个"纯孝"之孙做得很好。不但有孝心，而且运用智慧，既救了祖父又帮助了父亲。此画是图解式的：左边是祖父坐在地上，右边是父亲指着在中间的矮小的儿子，为什么要保存那个不吉利的抬人的担架？儿子扶着担架说：恐怕以后父亲老了，不便再做，取来用之方便。真是有理、有利、有节。古代"车"、"舆"混称。但是"舆无辐"，后来发展成用人抬的轿子。故简单的担架也称"舆"。

孝孙原榖
山东嘉祥汉代武氏祠画像石
（武梁祠东壁）

10.《柏榆伤亲》

韩柏榆，或作“伯俞”、“伯瑜”。汉代梁人，是个有名的孝子。母亲对他的教育很严。柏榆小时做错了事，母亲打他，打得很痛，但他不哭。待他长大之后，有次挨打不痛，反而大哭不止。因为他感到母亲的体力不如以前了，为母亲的体衰而难过，所以痛哭。此段记事见于刘向的《说苑·建本》。三国时曹植写《灵芝篇》，把韩柏榆和老莱子混在了一起，说：“伯瑜年七十，綵衣以娱亲；慈母笞不痛，歔欷涕沾巾。”不知是附会，还是另有所据。

武氏祠刻有韩柏榆的故事两幅，一幅在武梁祠后壁，一幅在前石室第七石。武梁祠《柏榆伤亲》的题榜曰：“柏榆伤亲年老，气力稍衰，笞之不痛，心怀楚悲。”有趣的是，题榜的文字在榜面上刻不下，刻工竟将最后一个“悲”字刻在了韩柏榆的肩膀上。

前石室的柏榆画像，与武梁祠的情节雷同，但把“柏榆”刻成了“伯游”。榆母拄着拐杖，指着柏榆在问：为什么哭得这样伤心；柏榆跪着说出了对母亲体衰的悲楚。榆母身后的一只飞鸟是陪衬的，但在柏榆的身后，却有一人拱手相向。这人是谁呢？

据说那时的太学，在名人的画像中有韩柏榆，以孝行为榜样。有一个不孝的人被他的侄子揭发，告到了官府，但太守并没有给他治罪，而是派人带他到太学中看壁画。这个不孝之人看了柏榆的尽孝事迹非常感动，幡然悔悟，改过自新，成为一个有孝德的人。在这幅画像柏榆之后的那个人，可能就是改悔的追随者吧。

柏榆伤亲（一）
山东嘉祥汉代武氏祠画像石
（武梁祠后壁）

柏榆伤亲（二）
山东嘉祥汉代武氏祠画像石
（前石室第七石）

11.《邢渠哺父》

邢渠的孝行故事，武氏祠有四幅：一在武梁祠后壁，二在左石室第八石，三在前石室第七石，四在前石室第十二石。第三幅已剥蚀殆尽看不清了。

邢渠哺父（一）

山东嘉祥汉代武氏祠画像石

（武梁祠后壁·《金石索》摹刻本）

武梁祠的一幅画像，题榜是："邢渠哺父"、"邢父"。父子两人在室内，邢父坐在榻上，邢渠拿着筷子正在为父亲喂食。

《太平御览》卷四百十一引萧广济《孝子传》说：

> 邢渠失母，与父仲居。性至孝，贫无子，佣（做工）以给（供养）父。父老齿落，不能食，渠常自哺之，专专（专一）然代其喘息。仲遂康休，齿落更生，百余岁乃卒也。

邢渠哺父（二）

山东嘉祥汉代武氏祠画像石（前石室第十二石）

画像石的其他画面，也多是喂食的场景。邢渠扶着老人或手持餐具。在前石室的画像中，邢渠之后站着一位妇人，双手捧着一个碗，正要向前递过去。但不知此人是谁。有人说她是邢渠的妻子，可是前文说邢渠“贫无子”，到底是穷得没有婚娶呢，还是婚后没有生子。只好存疑，不必追究了。

邢渠哺父（三）
山东嘉祥汉代武氏祠画像石
（左石室第八石）

12.《董永孝亲》

关于董永的故事，在西汉刘向的《孝子传》中已有记载，这是最早的版本，但是只说了“卖身葬父”和路遇织女的一段，即董永故事演绎成神话之时，在此之前，并未提及。至晋代干宝《搜神记》除了复述刘向的记事之外，前边加了几句，说：“汉董永，千乘人。少偏孤，与父居。肆力田亩，鹿车载自随。父亡，无以葬，乃自卖为奴，以供丧事。主人知其贤，与钱一万，遣之永行。三年丧毕，欲还主人，供其奴职……”后来，董永在上工的路上，遇到了织女。早期的画像多是表现董永如何供养父亲的。《搜神记》中有一句话讲得最清楚：董永“家贫困苦，至于农月，

董永孝亲
山东嘉祥汉代武氏祠画像石
（武梁祠后壁）

与辘车推父子于田头树荫下。与人客作。供养不阙(缺)”。武梁祠的画像正是这样：董永用辘车将父亲推至田头树荫下，自己在那里从事劳作。辘车即“鹿车”，是一种用人力手推的简便小车，载人很方便。这种做法，意在既可照顾老人，又不误农活。但画像石的作者知道，董永的孝行已引起“上天”的注意，以故在画面中作了一个暗示，让仙人围拢过来，有的爬树，有的飞仙在他身边飞舞。

二、嘉祥宋山画像孝道图

嘉祥县宋山村在武氏祠西南方，相距24公里左右。1980年出土了第二批汉墓画像石。其中一石画面分五层（五幅），有一幅表现孝道内容。

宋山《敬老图》

此图是在剁纹石上刻出的，画面较粗糙，构图是图解式的，也不复杂。左边是一个扶着鸠杖的老人，坐在榻上；右边有五人并列向老人跪拜。上面挂着两个圆形物，可能是赡养的食品之类。

敬老图

（汉代画像石）

1980年山东嘉祥县宋山村出土

三、大汶口画像孝行图

山东泰安市大汶口镇，于1960年出土了一批汉墓画像石。在墓门楣一块二米多长的条石上，刻了一些历史人物。其中有三个是孝行故事：

《赵徇孝父》

《丁兰供木人》

《邢渠哺父》

赵徇·丁兰·邢渠

（汉代画像石）

1960年山东泰安市大汶口镇出土

横向的画面没有分格，三个故事交错在一起，全靠题榜点明。但刻画者既不熟悉故事的内容、也可能识字不多，不仅将题榜文字刻错，有的与人物对不起来。这可能是孝行故事图画早期流行的一种现象。

题榜赵徇刻成了“赵苟”，画面与董永孝亲的艺术处理相似。赵父手扶鸠杖坐在辘车上，但后边有一个推车人，不知是谁。三个有翼的飞仙，也不知因何而来。丁兰是父母早亡，刻木人供奉，但在这里变成了活人，丁兰与父亲在木榻上亲密交谈。赵徇端着一个饭碗，正要给父亲喂食，可是父亲找不到了，题榜上刻了“此后母离居（骊姬）”，即春秋时期骊戎国君之女，国灭后被晋献公纳为夫人，甚得宠信。骊姬设计谋杀太子申生，画面的后部就亮出匕首了。

四、莒县东莞石阙画像孝女图

1993年山东省莒县东莞镇出土了一组画像石，这原是一座石阙的构件，其中有一幅表现战斗的场面。画面以一座桥梁为中心，上面是陆地，下面是流水。有人物手持兵器，有骑射和车马，双方搏斗激烈，打成一团。从人物的动作迹象观察，战斗似是从伏击开始：一辆官员的豪华马车正在过桥时，伏击的一群人突然出现，将车上的人及其护卫打得措手不及。一个车中的官员落入桥下在水中挣扎，伏击者乘船追杀。惊动了桥下的捕鱼者，连天上的鸟和水中的鱼都动起来了。在汉代画像石中，这是比较复杂而生动的一种画面。画面的右上角有一个骑马的女子，威武轩昂，显然是伏击者的领导和指挥，题榜为“七女”。

七女为父报仇

（汉代石阙画像石）

1993年山东莒县东莞镇出土

由“七女”引到了内蒙古的和林格尔县新店子村，1972年在这里发现了一座东汉晚期的壁画墓。墓主人姓氏不详，但据壁画了解，他来自中原，是由“举孝廉”入仕的，最后升至很高的官。在他的墓室中，画了一百多平方米的壁画，而且有许多题材和画面是仿照画像石描绘的，最可贵的是所有壁画都有墨书题榜，达250条之多。其中有一幅的标题是《七女为父报仇》。

这幅壁画与莒县东莞石阙的“七女”画像基本相同，连画面中心的那座桥也一样，并且由墨书题榜知道是“渭水桥”。渭水桥可能就是长安附近渭河上的渭桥，秦代时，它连通了渭南的兴乐宫和渭北的咸阳宫，即在秦汉时期的宫廷附近。

值得注意的是，这样的画面，嘉祥武氏祠也有两幅。一幅在前石室第六石，一幅在后石室第七石。自清代以来，都统称此为《水陆攻战图》，在和林格尔汉墓壁画与东莞石阙画像发现之前，从没有人提过“七女”和“七女为父报仇”。

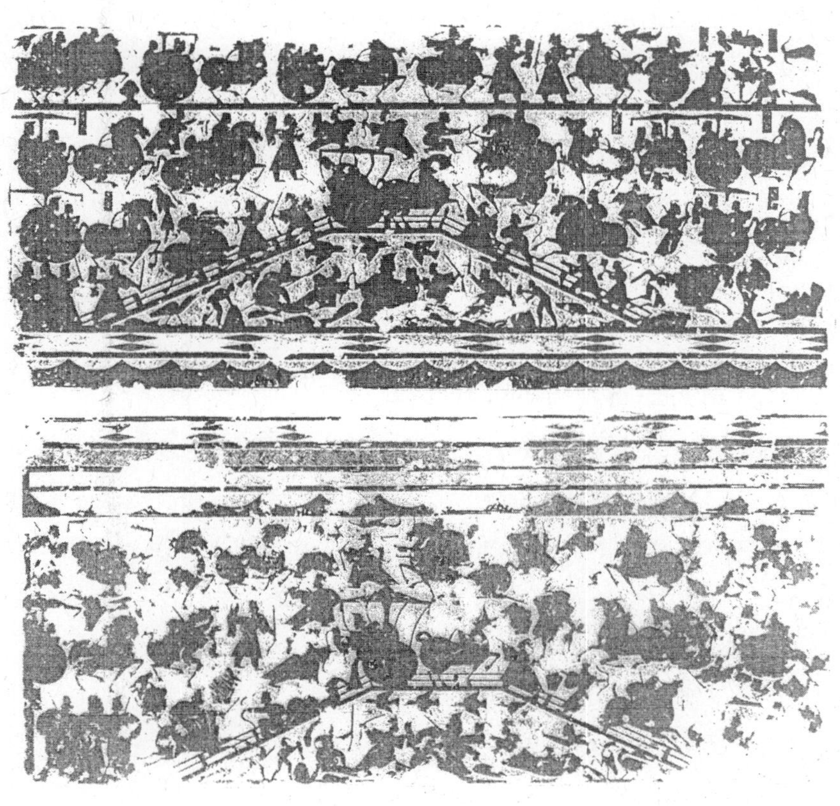

武氏祠《水陆攻战图》二幅

上图在前石室第六石·下图在后石室第七石

（两图均为《七女为父报仇》图）

以上情况说明，不论称作“水陆攻战”还是“七女为父报仇”，是当时流传甚广的一个事件，他不是单纯为了热闹而虚构的，而是为群众所关心并取得共鸣的事，特别在山东地区，似乎反应更为强烈。

按理说，汉代提倡孝道，又有刘向的《孝子传》和《列女传》在前，如像这种轰轰烈烈的孝女故事，不仅应该写入《孝子传》和《列女传》，而且要大肆宣扬，为孝道增添一道光彩。可是恰恰相反，谈论者私下里谈了什么，谁也不知道，刻在石头上的只能是“水陆攻战”的热闹和“七女”的神秘。

和林格尔远在内蒙古，虽说是“天高皇帝远”，但在壁画中也只是说了“七女为父报仇”。究竟“七女”是谁呢？她的父亲是谁呢？为何要报仇呢？这也关系到孝女的事迹，可能会永远不明原委，成为历史之谜。

关于孝道，我们所能想到的是，所有的孝子义女，不论尽孝的形式是什么，都是个体行为，即使《魏汤报父仇》，也只是一个杀了那个可恶的“市南少年”，并非是有组织的群体行动，但是使用了武器，用官方的话说等于“武装造反”。这是他们最担心、最害怕的事，怎么能进行宣传呢？况且“七女”的报仇对象很可能就是官方，说不定是更高的统治者，不但不便声张，甚至不能透露。

由“七女”我们联想到项伯，他有七个女儿。在今陕西城固县北，有一个“七女池”。相传项伯死后，他的七个女儿为他筑坟，挖土成池。郦道元《水经注》卷二十七“沔水”说：“壻水又东迳七女冢，冢夹水，罗布如七星，高十余丈，周回数亩。（南朝宋时）元嘉六年，大水破坟，坟崩，出洞不可称计。得一砖，刻云：‘项氏伯无子，七女造墩（椁）。’世人疑是项伯冢。水北有七女池，池东有明月池，状如偃月，皆相通注，谓之张良渠，盖良所开也。”张良与项伯是友善至交。

项伯是项羽的叔父，名缠，字伯。秦朝末年，项羽入关之后，为了争权，他的谋士范增密谋杀害刘邦。项伯知道后连夜去告诉了好友张良，张良是刘邦的谋士。在“鸿门宴”上，范增密使项庄动手，即后来的成语：“项庄舞剑，意在沛公”。当项庄舞剑时，项伯也拔剑起舞，有意保护了刘邦。后来刘邦做了皇帝，为了报答项伯，封了他一个侯爵“射阳侯”，并赐姓刘，原项缠，改为刘缠。

据《史记》与《汉书》的“功臣表”所列，项伯是作为降臣而居功的。于汉高祖六年（公元前201年）封侯，惠帝三年（前192年）卒。他的“嗣子睢有罪，国除”（取消了爵位）。

查阅史料是很麻烦的事，看来“七女”与项伯的父女关系可以肯定，但报仇的原因并没有得出明确的结论。

五、南溪石棺画像敬老图

在古人的观念中，人与神的距离不远，甚至可以交往。汉代民间崇信西王母，以为她有“长生不死”之药，可使人长寿。画像石中常有这样的表现：横长的构图，中间立一道门，将人间与仙界隔开。这个门叫“元宝门”，门左是神仙住的地方，西王母端庄地坐在龙虎墩上。门右是世俗社会，既有人间的温情，也有生老病死的痛苦。常有仙女将门半开，探出头来，好奇地向右观望人间。

1986年四川南溪县长顺坡出土的石棺侧面，就有这样的画面，门右有一对风华正茂的夫妇，愉快地交谈；还有一位扶着鸠杖的老人，静静地跽坐在那里，她的背后和上方，有一头麒麟和一只飞鸟，可能是用以象征仁厚。老人为什么一个人孤独地坐在画中央的门边呢？不是的。带她来的一位青年妇女已经进入门内，站在左方西王母的旁边，为老人请求长生之药。

敬老求药图

（汉代石棺画像）

1986年四川南溪县长顺坡出土

上图是老人的放大特写

六、巴蜀养老图二幅

汉代的画像石与画像砖，虽然材料和制作都不一样，但在艺术特点上却具有异曲同工之妙，以故常常被连在一起。这里的两幅《养老图》，都是画像砖，并非一地出土，但内容和形式也很相似。四川古代为巴蜀之地，号称“天府之国”。富裕人家的粮仓宽大而讲究，房基高于地面，避免潮湿；房顶上设有天窗，可使空气流通。他们拿出粮食，赡养那些孤独的老人，是行善，也是尽孝。

养老图二幅

（汉代画像砖）

上图：四川德阳黄许镇出土

下图：四川彭州太平乡出土

七、渠县无名阙董永孝亲图二幅

董永的孝亲故事出自山东，最早见诸文字并开始传播，为西汉刘向的《孝子传》。据说有图有文，但早已失传。在四川地区的画像中，有关孝道者多是敬老图，刻画具体人物之孝行的，可能只有《董永孝亲图》，而且在渠县无名阙就有两幅。人物造型和构图均较粗简，而且也都是将辘车推到田头的树荫下。有的在树上挂着水壶或食盒，董永正在给父亲喂食或饮水。但这个画面在较早的出版物中，有的并不认为是董永，解释为“农村平民劳动时的小憩”。

《董永侍父》二幅
（汉代石阙画像）
四川渠县蒲家湾出土无名阙

八、乐山崖墓董永孝亲图

在山崖上凿洞为墓，洞中雕刻画像，是墓葬文化的一种形式。四川乐山柿子湾崖墓所刻《董永孝亲图》，虽然很简单，并且与别的画幅连在一起，只是一个局部，并且推辘车与树荫下已成为一个模式，但是它也表明，具有实际作用的尽孝，比求助于神仙还要可靠。

董永侍父
（汉代崖墓画像）
四川乐山柿子湾崖墓石刻

综观汉代的画像石，也包括少数的画像砖，有关孝道的题材内容还不多，并且主要集中在山东和四川地区。据我所知，在数以万计的画像中，表现孝道的只有二十多幅。其中有具体姓名和事迹的孝子只有十一人，另外还有几个不知名的孝子和未定性的“七女”。值得注意的是，十一个知名孝子都在嘉祥武梁祠的画幅中。它使我们了解到，那时用图画表现孝行故事还不普遍。当年的刘向认识到，宣扬孝道用具体的人与事，比起抽象的说教收效更大。他写了《孝子传》和《列女传》，据说前者还是有文有图的，可惜都见不到了，只有几条其他书的引文。就现有资料看，武梁祠不仅是刻画孝行图最多的，也可能是最早的。

第四章

北魏石刻孝行图

一、洛阳石棺床孝行图

汉代之后，佛教兴起。至南北朝时，南方多修寺院、译佛经，北方开凿巨大石窟，并有造像碑的流行。北魏的雕刻技术很高，也很普遍，在刻佛像和造像碑的同时，于墓葬的石棺和棺床上也刻孝子故事。1977年河南洛阳出土的石棺床，除了在围板上刻墓主人的画像之外，并伴以孝子的图像，有郭巨、丁兰、原縠、老莱子、眉间赤等。

1.《郭巨埋儿侍母》

画面的人物和情节都很简单，但有自然环境的衬托。郭巨夫妇相对而坐于河边，中间的幼儿背靠大树，也坐在那里，看不出在他们之间将要发生的事。由于山石、林木和流水相间，画面显得很有韵味，并不感到单调。

关于郭巨，汉代画像石中没有画他，但在刘向《孝子传》里有他，介绍说：

> 郭巨，河内温人。甚富。父没，分财二千万为两分与两弟，己独取母供养。寄住，邻有凶宅，无人居者，居无祸患。妻产男，虑养之则妨供养。乃命妻抱儿欲倔地埋之于土中。得金一釜，上有画券云："赐孝子郭巨。"巨还宅主，宅主不敢受。遂以闻官。官以券题还巨。遂得兼养儿。

郭巨是今河南省温县人。长期以来，"郭巨埋儿"是个倍受非议的故事，人们既赞同他对母亲的孝顺，又厌恶埋儿的残忍。且不说上天之"感应"和赐黄金之臆想；怎么能撕伤了这边的人伦去补那边的人伦呢？

在今山东长清县的孝里铺，南傍的孝堂山上有一处汉代墓地，地面上有一座供祭拜的小石室，据现代学者考证，可能是当时一位二千石品级的郡相的祠堂。祠堂内刻满了画像，也是我国现存的唯一的一座汉代房屋建筑。蒋英炬、吴文祺在《山东的汉画像石艺术》一文中说："关于孝堂山石祠的主人，自北齐时起，一千多年来长期讹传为

郭巨埋儿侍母

（北魏石棺床孝行图）

1977年河南洛阳出土

丁兰刻木侍母
（北魏石棺床孝行图）
1977年河南洛阳出土

孝子郭巨的墓祠。其间宋代赵明诚的《金石录》虽已提出质疑：‘按刘向《孝子图》云，郭巨河内温人。而郦道元《水经注》云，平阴东北巫山之上有石室，世谓之孝子堂，亦不指言何人之冢，不知长仁何所据，遂以为巨墓乎。’但并未改变世俗的认可名称。”[1]

2.《丁兰刻木侍母》

如果一个现代人尽孝，为了侍奉母亲而把儿子活埋，为了思念母亲而把木雕当活人对待，人们一定认为此人失去了理智，精神不正常。而真正做起来，所出现的奇迹，更是令人难以置信：当挖坑埋儿子的时候，竟然挖出了一缸黄金；那个木雕人竟然会有喜怒的表情，落出眼泪！这比“天上掉馅饼”更离奇。据说这是“天人感应”，上天看到郭巨的孝行，不忍心让他把儿子埋掉，赐给他黄金，解决了困难。丁兰的孝心和尽孝的执着，竟然感动了草木，连木头人也会产生感情。

嘉祥武梁祠虽然刻了“丁兰供木人”的图像，但很简单；本图也是如此。在丁兰的手中，好像有刀和棍棒之类，但雕刻木像的特征不强。那棍棒是何用途呢？

有关丁兰的传说可能较早，但文献记载并不早。《初学记》卷十七“人物上（孝第四）引晋代孙盛《逸人传》曰：

> 丁兰者，河内人也。少丧考妣，不及供养，乃刻木为人，仿佛亲形，事之若生，朝夕定省。其后邻人张叔妻从兰妻有所借，兰妻跪报木人，木人不悦，不以借之。叔醉疾来，谇骂木人，以杖敲其头。兰还，见木人色不怿（高兴），乃问其妻，妻具以告之。即奋剑杀张叔。吏捕兰，兰辞木人去。木人见兰，为之垂泪。郡县嘉其至孝，通于神明，图其形于云台也。

在我国流传的孝子故事中，宣扬所谓“神明”和“感应”者很多，好像神明一通，感应一到，不论什么样的矛盾和多大的困难，都能顺利解决似的。事实上是不可能的。

3.《孝孙原穀请罪》

画面只有两个人，在深山老林之中，左边是一位瘦弱的老年人，胡须飘逸，着长衣坐在地上，面前有盆碗之类的食具；右边是一个英俊少年，手持一件长柄物，跽跪在老人面前，似有愧疚之意，在向老人请罪。画面的人物和情节太简单了，不了解情况的人看不出是什么内容，更不可能知道为什么请罪。这大概就是鲁迅所指出的，是为那些“先知道故事后看画”的人所作。如果不知道故事，也就看不懂了。因为他二人是祖孙关系，爷爷被遗弃在深山之中，但孙子并不同意这样做，是父亲的决定。他劝说无用，也无权改变这种状况，只好请罪。

---

[1]《中国画像石全集·山东卷》，河南美术出版社，山东美术出版社，2000年。

孝孙原穀请罪
（北魏石棺床孝行图）
1977年河南洛阳出土

老莱子梳丫髻
（北魏石棺床孝行图）
1977年河南洛阳出土

4.《老莱子梳丫髻》

春秋时的老莱子是个隐士、学者，同时也是一个孝子。因为他的著作早已失传，不知其学术成就，也就只落下一个孝子之名。他七十岁时父母俱在。为了不使双亲感到已是垂暮之年，他故意将自己打扮得年轻一些，避免显老。在南朝师觉授《孝子传》中也只是说他“常着斑斓之衣”，因为“为亲取饮，上堂脚跌，恐伤父母之心，僵仆为婴儿啼。”连孔子也称赞他“不失孺子之心”。可能就因为他不慎跌倒，躺在地上“为婴儿啼”，便引出了种种的“老莱子娱亲”说。此图表现的便是七十岁的老莱子梳了两个丫髻。

5.《眉间赤为父报仇》

眉间赤亦称“眉间尺”，《搜神记》称“赤比”。为春秋时干将、莫邪之子。干将与欧冶子同师，都是著名的铸剑高手。干将曾铸雌雄二剑，定名为“干将、莫邪”。莫邪是干将的妻子。于此由人名转为剑名，世间并以此泛称宝剑。

关于干将、莫邪铸剑的故事很多。有的说是为楚王铸剑，有的说是为晋王铸剑。三年铸造了雌雄二剑。干将自知楚王必将怒其造剑迟缓而杀他，故只献雌剑，不献雄剑。将雄剑藏起，留给儿子为他报仇。干宝《搜神记》卷十一说：

> 干将、莫邪为楚王作剑，三年乃成。王怒，欲杀之。剑有雌雄。其妻重身当产，夫语妻曰:“吾为王作剑，三年乃成。王怒，往必杀我。汝若生子是男，大，告之曰:‘出户望南山，松生石上，剑在其背。’”于是即将雌剑，往见楚王。王大怒，使相之:“剑有二，一雄一雌，雌来，雄不来。”王怒，即杀之。莫邪子名赤比（即眉间赤），后壮，乃问其母曰：“吾父所在？”母曰：“汝父为楚王作剑，三年乃成。王怒，杀之。去时嘱我:‘语汝子:出户望南山，松生石上，剑在其背。’”于是子出户南望，不见有山，但覩堂前松柱下，石低之上，即以斧破其背，得剑。日夜思欲报楚王。王梦见一儿，眉间广尺，言:“欲报仇。”王即购之千金。儿闻之，亡去。入山行歌。客有逢者，谓:“子年少，何哭之甚悲耶？”曰：“吾干将、莫邪子。楚王杀吾父，吾欲报之！”客曰：“闻王购子头千金，将子头与剑来，为子报之。”儿曰：“幸甚！”即自刎，两手捧头及剑奉之，立僵。客曰:“不负子也。”于是尸乃仆。客持头往见楚王，王大喜。客曰:“此乃勇士头也。当于汤镬煮之。”王如其言。煮头三日三夕，不烂。头踔（腾跃）出汤中，踬（困顿）目大怒。客曰:“此儿头不烂，愿王自往临视之，是必烂也。”王即临之。客以剑拟（杀）王，王头随坠汤中。客亦自拟（杀）己头，头复坠汤中。三首俱烂，不可识别。乃分其汤肉葬之，故通名“三王墓”。

此幅画所刻的内容，并非是眉间赤为父报仇的场面。画面只有两个人，多以为是眉间赤和他的妻子。但按照故事的过程来分析，眉间赤长大之后，在报仇之前，应是她的母亲（莫邪）向他说明父亲的遗愿。

眉间赤为父报仇
（北魏石棺床孝行图）
1977年河南洛阳出土

二、洛阳升仙石棺孝孙原穀图

1977年河南洛阳邙山上窑村出土的一具北魏石棺，宋代人曾掘出再用，并且补配了一个棺盖。棺身的四面，是北魏人刻的线画。棺前档刻两个门吏，象征房院之门。两侧分别是男女升仙之图，气派大度，结构繁杂，充分发挥了古人的想象力。在棺的后档，刻了一幅《孝孙原穀》图。这幅图在情节处理上比较明确，两人用担架抬着一个瘦弱的老人，正在送往深山，表明了祖孙三人的关系。抬担架的便是孝孙原穀和他的父亲。

孝孙原穀

（北魏石棺孝行图）

1977年河南洛阳邙山上窑村出土

三、洛阳元谧石棺孝行图

洛阳早年出土的北魏元谧石棺，原物已失，只能看到拓片。在石棺的两侧刻了十多幅孝行故事图。构图不分格，交错成一片，均有题榜点明。有“丁兰事木母”、“韩伯余母与丈（杖）和颜”、“孝子郭巨赐金一釜”、“孝子闵子骞”、“眉间赤与父报酬（仇）”、“孝子董永笃父赎身”、“老莱子年受百岁哭安”、“母欲煞舜焉得活”、“孝孙弃祖深山”等。在人物活动的上方，除了树木和流云之外，还刻了飞龙、翼虎等祥瑞动物，使画面既肃穆，又活泼；既是现实的祥和之地，又带有虚无的神秘气氛。

兹选几幅，分述如下：

韩伯余母与丈（杖）和颜 · 孝子郭巨赐金一釜

（北魏元谧石棺孝行图）

1930年河南洛阳城西李家凹出土

1.《韩伯余母与丈（杖）和颜》

韩伯佘即“韩柏榆”。题榜为标题。所谓“与丈（杖）和颜”,是说他过去做错了事，母亲用杖打他，打得很重、很痛，现在打不动了，也不痛了。因此，他为母亲的年老体衰而担心哭泣。

2.《孝子郭巨赐金一釜》

郭巨埋儿，是为了不与母亲争食，保证母亲吃饱吃好，因此感动了“上天”。因此“赐金一釜”。釜即锅盆之类炊具，也用来盛东西。埋儿挖坑，挖出黄金，是“天人感应”的说教。

3.《老莱子年受百岁哭安》

这里说老莱子已经受年百岁，他的双亲还在。为了使父母开心愉快，不为老而担忧，竟装作婴儿，梳着丫髻，躺在地上玩鸠车（一种传统的民间玩具）。

老莱子年受百岁哭安

（北魏元谧石棺孝行图）

1930年河南洛阳城西李家凹出土

4.《孝子闵子骞》

闵子骞即闵损。因小时受后母虐待，寒衣单薄，冻得手脚麻木，致使拿不住赶车的木棍子或马鞭子，即所谓“御车失棰”。他父亲发现后，看后母所生的孩子穿得很温暖，非常生气。准备与他后母分离。闵子骞跪在父亲面前说:“母在一子单，母去四子寒。”劝他父亲不要与后母离异。不但改变了父亲的态度，也使后母受到教育。此图表现闵子骞坐在后母面前，非常敬重。

右边隔着一棵树，坐着另一个妇女，题榜为“眉间赤妻”，与此画没有关系，是另一幅画的一部分。

孝子闵子骞

（北魏元谧石棺孝行图）

1930年河南洛阳城西李家凹出土

5.《眉间赤与父报仇》

相传著名匠师干将为楚王铸剑被杀，他的儿子眉间赤（眉间尺）长大成人之后，母亲莫邪告诉他了原委，眉间赤决心为父报仇。这个画面，似是他与妻子在父亲墓前表决心的情景，但被拓片的剪裁者裁成了两半，将眉间赤和他的妻子分开了。原画是：干将的坟前摆着祭奠的酒菜，眉间赤夫妇分列两边。眉间赤站立，像是一手拿物，正在说话；他的妻子坐在左边，身前置有酒食，也是眉间赤向她告别。因为所报之仇是刺杀一个暴君，并非容易，必须抱定必死的决心，此去难以归来。

在这个场景的上方有一个方框，框内画着两人。有人说那是墓主人，笔者认为是干将、莫邪。

眉间赤与父报仇

（北魏元谧石棺孝行图）

1930年河南洛阳城西李家凹出土

6.《丁兰事木母》

画面左侧树下的方榻上，坐着一位穿戴体面的老者，是一座木雕的偶像；前面一人持香跪拜，旁边并有供奉的物品。“丁兰事木母”，虔诚而持久，“感应”所致，木母有情。

丁兰事木母

（北魏元谧石棺孝行图）

1930年河南洛阳城西李家凹出土

四、洛阳孝子石棺孝行图

北魏孝子石棺，洛阳早年出土，现藏美国堪萨斯市纳尔逊艺术博物馆。石棺两侧刻孝子故事，均有题榜，为“子蔡顺”、“子董永”、“子舜”、“子郭巨”、“孝孙原穀”等。每个题榜之下刻有两个不同的生活场景，原图连在一起，可视作两幅画。兹选蔡顺、郭巨和董永三图。

1. 蔡顺哭棺与邻居失火

蔡顺，汉代汝南人。他的孝行事迹，最著名的是小时“拾椹供亲”，将熟透的桑椹留给母亲，自己吃不熟的。此事感动了赤眉军。母亲去世时，他一人扶棺痛哭，不顾邻居失火延及自己家室。

子蔡顺
（北魏孝子石棺孝行图）
河南洛阳早年出土

2. 郭巨孝母与节食埋儿

对于“郭巨埋儿”，所有人都会为之震惊，感叹父亲的残忍和儿子的悲哀。因此，刻画者的注意力也集中在一个“埋”字上。有的画挖坑，有的画挖到了一釜黄金，也有的画母亲抱着儿子站在坑边，看不出为人尽孝的美意和乐趣。此图不同的是，图右画出了他的母亲。母亲坐在方榻上，郭巨夫妇正在为其献食。图左则是埋儿的情形，可能已在发现黄金之后，惊险的高潮已经过去了。

郭巨和蔡顺，均为后来“二十四孝”的“典型”人物。关于古代的“孝道”与“孝行”，尤其是由尽孝所引起的“孝感”，我们在后面还要专门讨论，在此不赘。仅就孝道图的艺术处理和技巧而言，在古代的石刻孝道画中，包括汉代的画像石，这是水平较高的。不但画面紧凑，布局合理，装饰性也很强，如同现代的所谓“装饰画”，在艺术技巧上是可以取法的。

子郭巨
（北魏孝子石棺孝行图）
河南洛阳早年出土

3. 董永侍父与路遇织女

画面以中间的大树为界，左边刻董永作佣工，用辘车推老父到田头树荫下，一面为人锄地，一面照顾父亲。大树右边刻董永父亲死后，卖身葬父，在上工的路上遇到织女，一起到东家，帮董永织锦还债。南北朝时故事或有发展，织女也到田间来了。

子董永

（北魏孝子石棺孝行图）

河南洛阳早年出土

五、洛阳宁懋石室孝行图

北魏宁懋石室，建造于景明二年（501），1931年河南洛阳翟泉村北邙山坡出土，现藏美国波士顿艺术博物馆。据《中国画像石全集·石刻线画卷》介绍："宁懋石室高138厘米，面阔200厘米，进深78厘米，为横长方形悬山式建筑，由八块20厘米厚石板安装而成。据墓志载：宁懋，本为鲁人，流寓西域，迁云中（大同），年三十五，蒙获起部曹参军事郎。太和十七年随孝文帝迁洛阳，任营戌极军，守卫营建台殿事，后任横野将军甄官主簿，景明二年卒。"

石室门道左右的外侧刻两武士，室内外均为线刻画。后墙内壁刻宁懋夫妇画像，山墙内壁刻牛车出行；后墙外壁刻燕居和庖厨，山墙外壁刻孝行故事。孝行故事的题榜是"董永看父助（锄）时"（即"董永推父田头"供养）、"丁兰事木母"（即"丁

董永推父田头

（北魏景明二年，宁懋石室孝行图）

1931年河南洛阳翟泉村出土

兰刻木母供奉”)、“舜从东家井中出去时”(即“瞽叟使舜穿井”加害)。另外还有一条“董晏(偃)母供王寄母语时”,当是“馆陶公主与董偃近幸”的故事。馆陶公主为西汉文帝之女,长年寡居。董偃与母亲原以卖珠为业,常出入于公主之家,为卖珠与公主共话。后来董偃为馆陶公主近幸,死后与公主会葬于霸陵。这个故事与孝行无关,实际上孝行故事只有三个。

1.《董永推父田头》

此图的题榜很明确:“董永看父助(锄)时”,即董永为人做工,为了照顾父亲,便将其带到田头,一面看护父亲,一面锄地。但看画面的人物和道具,与内容的矛盾很大。董永家贫,推他父亲的手推车只能是很简单的独轮车,但此图中是很讲究的三轮车;最奇怪的是在董永之旁出现了一个女人,并且也拿着锄头。这是怎么回事呢?有人解释说:“大树右侧是董永父子在田间锄草,董永头扎双髻,衣衫褴褛,旁刻‘董永看父助(锄)时’。大树左侧刻三轮辇,内坐拄杖富人,旁有女仆高举伞盖,舆前董永推车而行。”[1]

宁懋石室《董永推父田头》人物特写

(左为董永推父到田头,右为董永与织女在田间劳动)

解画要把握住原画的主题,如果远离主题是难以说清楚的。在这里,董永的父亲怎么能下地锄草呢?那位“拄杖富人”到田头来做什么?“高举伞盖”的女仆又哪里去了?

在南北朝,佛教已经深入人心,对文化的影响很大。华盖和莲花都是佛教艺术的常见题材,它的出现是对佛的颂扬。现在也用于对孝道的赞美了,遍地莲花盛开,华盖

[1]《中国画像石全集·石刻线画卷》,第10图说明,河南美术出版社,山东美术出版社,2000年。

自然出现，是无需打伞人的。试想，如果董永不是推他父亲去田头，而是推的“拄杖富人”，他的父亲还在田间锄草，还能算是“孝子”吗？因此，我们不妨参照一下65页图(孝子石棺的《董永侍父与路遇织女》)。这是一幅图画的两组内容，中间以树相隔，左边是董永推车，将父亲推到田头树荫下，一面看护，一面锄地。至于头上的华盖和莲花，以及讲究的三轮车（辇），不过是对于孝道的礼赞，并非就是生活的真实。树的右边是一对男女，都拿着锄头，肯定是董永和织女无疑，问题是古文献中没有织女锄地的情节，可能是后来口头文学的演绎发展，现代的民间故事中，仍有织女“白天下地，晚上织锦”的描述。为了看得清楚些，我将此图的复印本作了剪裁，删去了复杂的背景和衬托，只剩下人物的动作与必要道具，两组画面是很清楚的。

2.《丁兰刻木母供奉》

丁兰刻的木母立在方榻上，榻下刻题榜：“丁兰事木母。”右边是他的妻子，端着一盘食品供奉。丁兰在木像之左，面对木母进行跪拜。左边有一男一女，是邻居张叔夫妇。张叔的手中拿着一件长形物；他的妻子在树下操办酒食。眼下的气氛很平和，却不

丁兰刻木母供奉

（北魏景明二年，宁懋石室孝行图）

1931年河南洛阳翟泉村出土

知正在酝酿着一场冲突。张叔喝醉了酒，竟然用木棍敲打木像。当时丁兰不在家，回家之后，知道木母被打，将是一场更大的报复。此图只画之前，不画之后。而且从画面上可以看出，礼拜用莲花，已染上了一层佛教的色彩。

3.《瞽叟使舜穿井》

舜即虞舜，亦称“舜子”、“帝舜”，传说中的远古帝王（原始部落联盟首领）。在所有的孝行个例中，虞舜总是排在首位。不仅因为他地位最高、历史最久，司马迁说：“舜年二十以孝闻。”有些传说的孝行故事也较多，瞽叟“使舜穿井”便是其一。

《史记·五帝本纪》说：

> 舜父瞽叟盲，而舜母死，瞽叟更娶妻而生象，象傲。瞽叟爱后妻子，常欲杀舜，舜避逃；及有小过，则受罪……
>
> 瞽叟尚复欲杀之，使舜上涂廪（粮仓），瞽叟从下纵火焚廪。舜乃以两笠自扞（保护）而下，去，得不死。后瞽叟又使舜穿（挖掘）井，舜穿井为匿空旁出。舜既入深，瞽叟与象共下土实（填）井，舜从匿空（暗穴）出，去。瞽叟、象喜，以舜为已死……

瞽叟使舜穿井

（北魏景明二年，宁懋石室孝行图）

1931年河南洛阳翟泉村出土

虞舜的父亲是个鲁莽粗野的人，他喜欢后妻所生的象，而不喜欢舜。不但对虞舜经常打骂，甚至想害死他。由于虞舜是个孝子，对此无忿无怨，只是勤奋劳作，谨慎对待。所谓“使舜穿井”，就是以挖井为名，想将他埋掉。却不知虞舜挖到一定深度时，便从井侧所钻的暗穴中出来。画面题榜为：“舜从东家井中出去时。”图右所表现的，正是虞舜从井中蹿出半身；他的左右两人，是他的两个妻子，即唐尧的两个女儿：女英和娥皇，也是帮他出主意的人。在画面的左边，还有两个人，可能是瞽叟和象，他们费尽力气填井，以为将虞舜埋在井中了，哪知虞舜早已出走了。

第五章

宋金“二十四孝”图

一、“二十四孝”图的出现

既然提倡“孝道”，赞扬人们“尽孝”，为什么要限定二十四个，称作“二十四孝”，并以此为标准和样板呢？

在封建社会，提倡“孝道”的目的并非是单纯的敬老和赡养父母安度晚年，而是由此引向“忠君”。所以，古代常把孝廉、孝忠、孝感等概念连在一起。所谓“天人感应”，把困难的、做不到的、非人为的孝行归之于“天”，由上天解决矛盾，为的是说明“天经地义”。因此，在普遍发扬“尽孝”的基础上，还要提升，达到封建伦理道德的标准。“二十四孝”不是单纯的数量限制，是有其道德内涵的。

在我国文化中，有关数字的典故很多。既经形成，就超越了单纯的计量概念，而带有新的意义。关于“二十四”的提法，早有“二十四时”、“二十四气”的概括。将一日分作十二个时辰，每个时辰又分初时和正时，合称“二十四时”，是为一天。将一年中太阳在黄道上的位置，分为二十四个节气，每两个节气为一个月，十二个月为一年。表明气候变化和农时季节，成为我国农历的特点。在人事上，唐代以来有所谓“二十四考”者，即封建文人称颂秉政大僚位高任久的美誉。

据《旧唐书》卷一二〇《郭子仪传》引史官裴垍语：“校中书令考二十有四。”唐代朝廷每年都要对京官、外官的政绩进行考察，以作为升迁贬谪的依据。考绩的具体工作，属于考功郎中掌管，由朝廷另派有声望的高官两人主持其事。一人主持京官考，一人主持外官考。郭子仪自乾元元年（758）至建中二年（781）任中书令期间，主持官吏的考绩，前后共二十四次。郭子仪是唐代名臣，唐肃宗时为平安史之乱功列第一，以一身系时局安危者二十年，累官至太尉、中书令，封汾阳郡王，号“尚父”，世称“郭令公”。后来“二十四孝”的提出，虽然有具体的二十四个人，以他们作为众多孝子的典型和代表，就像郭子仪那样，是最高的、最完美的、最优秀的。在这里，不是以具体数量为限的。

封建社会的统治者重视对人民大众的“教化”，一般采用的方式是抽象的“说教”。从《孝子传》《列女传》到《二十四孝》是一大变化，即用具体形象进行感化。有典型的人物和事迹，尤其是做成图画，有形可鉴。汉代的画像石与后来的石刻，有些是感人的，即使那种带有“感应”色彩的图画，也不失其人情味。问题是在此过程中，经过文人的加工，一味拔高，难免僵化。譬如老莱子的故事，鲁迅在《朝花夕拾·二十四孝图》中指出：古书上说老莱子“常著斑斓之衣，为亲取饮，上堂脚跌，恐伤父母之心，僵仆为婴儿啼”。现在的版本改成了“常著五色斑斓之衣，为婴儿戏于亲侧，又常取水上堂，诈跌仆地，作婴儿啼，以娱亲意”。鲁迅说：“招我反感的便是‘诈跌’。无论忤逆，无论孝顺，小孩子多不愿意‘诈’作，听故事也不喜欢是谣言，这是凡有稍稍留心儿童心理的都知道的……不知怎地，后之君子却一定要改得他‘诈’起来心里才能舒服。邓伯道弃子救侄，想来也不过‘弃’而已矣，昏妄人也必须说，他将儿子捆在树上，使他追不上来才肯歇手。正如将‘肉麻当作有趣’一般，以不情为伦纪，诬蔑了古人，教坏了后人。老莱子即是一例，道学先生以为他白璧无瑕时，他却已在孩子的心中死掉了。”这种拘执、迂腐的做法，是与宋代以来道学的影响有关的。

二、北宋辉县石棺二十四孝图

北宋（960—1127）石棺，棺长210厘米，前高90，宽85厘米，后高65，宽60厘米。河南辉县出土。石棺的两侧线刻孝子列女图，共二十四幅。画幅连在一起，无明显分隔，均有题榜。

右侧为：赵孝宗、丁　兰、闵子骞、琰　子、鲍　山、王武妻、
鲁义姑、老莱子、舜　子、元　觉、曾　参、曹娥女；

左侧为：蔡　顺、韩伯俞、郭　巨、董　永、陆　绩、孟　宗、
刘明达、王　祥、姜诗妻、刘　殷、田　真、杨昌女。

以上所刻二十四幅人物画，事迹单一，情节也不复杂，大都采用图解式。自从刘向写了《孝子传》和《列女传》，后人多将两者连在一起。在“二十四孝”之中，常有烈女参列在内。如以上之“鲁义姑”，按照我们的概念，“舍子救侄”应该属于“义”，但“孝义”连在一起时也就不不分了。

兹选八幅如下：

1.《舜子》

舜子即传说中的远古帝王虞舜。《史记·五帝本纪》说：“舜耕历山，历山之人皆让畔（田界）。”相传仁德之君，教化所及，便有耕者让田。画面是虞舜赶着一头大象，天上有鸟群跟随，即所谓“象耕鸟耘”，是“孝感于天”所致。唐陆龟蒙《甫里集》卷十九：“吾观耕者行端而徐，起拨欲深，兽之形魁者无出于象，行必端，履必深，法其端深，故曰象耕。耘者去莠，举手务疾而畏晚，鸟之啄食，务疾而畏夺，法其疾畏，故曰鸟耘。”

舜子
（北宋石刻·象耕鸟耘）
河南辉县出土石棺

2.《元觉》

元觉或即“原穀”。画面表现祖孙三代，元觉是最小者，俗称“孝孙”。画面中爷爷瘦弱多病，坐在草堆上；父亲嫌他累赘，做了一个“舆”（担架），将其抬到山中，准备遗弃；孝孙向父亲建议，不要把爷爷丢弃，父亲不听。于是，孝孙抬后将担架收起，父亲发现后问他，为何收存担架。孝孙说：等到父亲老了，用起来方便，免得再做。于是，父亲“感悟愧惧，乃载祖归。”从此，孝孙的父亲也变成了“纯孝”。

元觉
（北宋石刻·持舆劝父）
河南辉县出土石棺

3.《曾参》

曾参即曾子，孔子的学生，事母至孝，并以论孝著称，在《论语》和《孝经》中有他的不少言论。曾参年少时家贫，常到山中打柴。家中有客来，母亲咬了自己的手指，曾参顿觉心痛，赶紧回家。东汉王充《论衡·感虚篇》亦载此事，但不是“啮指心痛”，而是曾母“右手搤其左臂。曾子左臂立痛”。但王充不相信这种感应，他说：“疑世人颂成，闻曾子之孝天下少双，则为空生母搤（用力掐扼）臂之说也。”

曾参
（北宋石刻·啮指心痛）
河南辉县出土石棺

4.《曹娥女》

曹娥，汉代上虞人。其父为巫祝，五月五日媚神，淹死于江中，尸不能得。曹娥年十四，沿江号泣，投水觅父，经五日，负父尸而出。鲁迅在《朝花夕拾·后记》中说："我幼小时候，在故乡（绍兴）曾经听到老年人这样讲：'死了的曹娥，和她父亲的尸体，最初是面对面抱着浮上来的。然而过往行人看见的都发笑了，说：哈哈！这么一个年青姑娘，抱着这么一个老头子！于是那两个死尸又沉下去了；停了一刻又浮起来，这回是背对背的负着。'好！在礼义之邦里，连一个年幼——呜呼！'娥年十四而已'——的死孝女要和死父亲一同浮出，也有这么困难！"所以画曹娥者多是沿江哭号，很少画投江的。

曹娥女

（北宋石刻·投江觅父）

河南辉县出土石棺

5.《姜诗妻》

汉代姜诗及其妻子庞氏，均以孝著名。老母喜饮江水，庞氏每天到数里之外的江边打水，从不中断。老母又嗜好鱼脍，并请邻居老母共食。夫妇经常去市场买鱼、切鱼。时间既久，忽于房舍之旁涌出一股泉水，味如江水，每天并有两条鲤鱼跃出，即所谓“孝感”所致。在世间的孝行图中，若画“涌泉跃鱼”，即赞美姜诗夫妇，也有单画庞氏的。此图为庞氏端着一碗水，供婆母饮用。

姜诗妻

（北宋石刻·庞氏敬婆）

河南辉县出土石棺

6.《刘殷》

郑若庸《类隽》卷九："《隋书》云：刘殷祖母王氏，盛冬思芹而不言。殷知之，时年九岁。乃于泽中恸哭，忽有芹生于地，得斛余而归，食而不减，至时，芹生乃尽。"画面中的人物，刘殷已经不是孩子，老大成年了。唯一相关的是地上有一个竹篮，是不是盛芹菜的呢？这种"孝行"，与哭竹、哭鱼等相类似，好像只要哭得厉害，就会感动"上天"，产生"感应"。由此可见，道学先生的这种模式也太简单了。

刘殷
（北宋石刻·盛冬思芹）
河南辉县出土石棺

7.《田真》

汉代田真，兄弟三人分家，堂前有棵紫荆树，开花正茂。三人商议，分家后将此树一分为三。第二天树便枯死了。田真看了，对两个弟弟说:“本同株，当分析，便憔悴。况兄弟孔怀而可离，是人不如树也。”于是，兄弟相感，分而复合，不再分家，紫荆也复萌了。事见南朝吴均《续齐谐记》。

李白《尺布》诗曰：“田氏仓卒骨肉分，清天白日摧紫荆。交柯之木本同形，东枝憔悴西枝柴。无心之物尚如此……”有心之人何无情！

田真

（北宋石刻·紫荆复萌）

河南辉县出土石棺

8.《杨昌女》

杨昌，不知何时何地人，看画面知其孝行与打虎有关。此图画得很好，颇为传神。所画为事后，老虎瘫死在那里，两条前腿伸开，已失去前时的威风。杨昌年龄不大，累得精疲力竭，坐在虎旁，头微低，好像在思考什么。晋朝时也有个“搤虎救亲”的少年叫杨香，是个十四岁的男孩，随父下田遇虎。他手无寸铁，与虎搏斗，扼持虎颈不放，终于将父亲从虎口中救了出来。

杨昌女

（北宋石刻·徒手打虎）

河南辉县出土石棺

三、北宋张君石棺二十四孝图

北宋崇宁五年（1106）张君石棺，1985年河南孟津张盘村出土，棺长220厘米。棺两侧的后半部及后挡刻二十四孝图；在孝行图之前，有仙女打幡，捧仙果及宝瓶等，形成一种仪仗，看来是有意安排的。二十四孝均有题榜，可惜连画面都模糊不清，只修出一幅《舜子象耕图》。

虞舜耕于历山，有“象耕鸟耘”之说。有趣的是，此图在大象之前多了一头猪。这是传说中没有、多了也无妨的内容，显然出于刻工的想象而随意添加的。

舜子象耕

（北宋崇宁五年张君石棺）

1985年河南孟津张盘村出土

四、北宋巩义石棺二十四孝图

北宋石棺，河南巩义县米河半个店出土。石棺前档，刻一半掩的假门，门上有竹簾卷起，门的左右刻二侍卫，是以石棺象征庭院房舍。石棺两侧刻二十四孝图。但画面漫漶严重，有的已模糊不清。经修整的五幅如下：

1.《刘明达孝行》

一个头戴幞头、穿圆领长衣的男子骑在马上，抱着一个婴儿；对面是一个贵妇人及其身背斗笠的仆人。据说这是刘明达卖儿侍母的故事。不明具体出处。在敦煌写本的孝子故事中有一段缺首文字，大概写此："……由不足，更被孩儿减夺，老母眼见消瘦。遂于将儿半路卖与王将军。妻见儿被他卖去，随后连声唤住，肝肠寸断，割奶身亡。诗曰：明达载母逐农粮，每被孩儿夺剥将；阿爷卖却孩儿去，贤妻割奶遂身亡。"

刘明达孝行

（北宋石刻·卖儿侍母）

河南巩义县米河半个店出土石棺

2.《曾参孝行》

在孔子的学生中，曾参以孝著称，且有不少关于孝道的论述。他平素很注重品德和修养，有“三省”的名言，常听人说曾子一天反省三次，实际是从三个方面进行反思。《论语·学而》：“曾子曰：‘吾日三省吾身：为人谋而不忠乎？与朋友交而不信乎？传不习乎？’”回顾过去的言行，是否有过错，是很重要的。曾参少时家贫，常到山中打柴。母亲一人在家，有客人来无所措，便咬自己的手指。曾参忽觉心痛，以为家里出了事，赶紧挑柴回家，原来是需要接待客人。曾参的事迹很多，在孝行方面多举此心神相通的“感应”故事，所谓“啮指心痛”。有人对此提出怀疑，王充就认为：“疑世人颂成，闻曾子之孝天下少双，则为空生母搤臂（用力掐臂，而不是咬指）之说也。”

曾参孝行

（北宋石刻·啮指心痛）

河南巩义县米河半个店出土石棺

3.《赵孝宗孝行》

敦煌写本《孝子传》:“(首缺)义将军，司马赵孝，字长平，沛国人也。”《后汉书》卷三十九《赵孝传》云:“赵孝字长平，沛国蕲县(今安徽宿县)人。父善，王莽时为田禾将军，任孝为郎……，及天下乱，人相食，孝弟礼为饿贼所得，孝闻之，即自缚诣贼，曰:‘礼久饿羸瘦，不如孝肥饱。’贼大惊，并放之。”《东观汉纪》卷17、《初学记》卷17、《艺文类聚》卷20均有载，并记有“赵孝食蔬”的故事。学术界对赵孝宗行孝情节还不太了解，一般认为“赵孝，又名赵孝宗”，但未注明引自何史籍。

画中表现的是舍己救弟的情节。

赵孝宗孝行

(北宋石刻·舍己行孝)

河南巩义县米河半个店出土石棺

4.《姜诗妻孝行》

一个老妪坐在圆形凳上，伸手指着什么，像是在说话；对面的少妇微低着头，似在沉思。这是一对婆媳，即姜诗的妻子和他的母亲。在两人之间涌出一股泉水，并有三条鲤鱼跃出，这是画面的焦点。不了解内容的人会感到莫名其妙，知道“孝感”的人也会怀疑，怎么会每天都有三条鱼跳出来。“涌泉跃鲤”的故事并不复杂，但若考虑它的真实性，必然会产生争议。

姜诗妻孝行
（北宋石刻·涌泉跃鲤）
河南巩义县米河半个店出土石棺

5.《韩伯余孝行》

一位老年妇女，袖手坐在靠背椅上，微微地低着头，已是老态龙钟了。她的儿子韩伯余（即韩柏榆）躬身站在她面前，深有感触地哭泣说：小时候做了错事，母亲笞打得很重很痛，现在无力打痛了，为母亲的衰老而难过。其实这是自然规律，就像身前的焚香，那香烟总要消失的。

韩伯余孝行

（北宋石刻·泣笞伤老）

河南巩义县米河半个店出土石棺

五、宋代洛阳砖雕二十四孝图

2009年河南洛阳关林庙宋墓出土了一批砖雕画像，有孝子故事和杂剧表演等内容。其中孝子故事23幅，可能缺一幅《舜子耕田》，便是一套“二十四孝图”。砖为特制的灰砖，砖面长39厘米，宽16厘米左右。每个砖面上有两幅画，或大小对等，或一大一小，嵌在墓室的墙壁上。除最后一幅画面外，所有画幅都有题榜，以主要人名标记孝行事迹。这种用于墓室的砖雕，在宋代已经很多，大都是用雕好的模子上印出的，表面光滑，没有刀刻痕迹，拓印效果也较好。这套（二十三幅的）二十四孝图，不论在人物造型上还是在章法构图上，以及对于画面的疏密、黑白处理等，都堪称上乘。作为造型艺术，有的已突破了简单的图解式表现形式。

下面的23幅图，有的连在一起，没有明显的界线。

1.《老莱子》

题旁刻为“老来”。画面老莱子作小儿戏，即“戏彩娱亲”。

2.《元觉》

即孝孙原穀。画面内容为“拉舆劝父”。

3.《陆绩》

年少做客，“怀橘供亲”。

4.《董永》

“卖身葬父”，遇织女下凡。

5.《田真》

“哭荆劝合”。劝弟不分家。

6.《王祥》

“卧冰求鲤”。赤身卧于冰面，求鲤鱼供母。

7.《刘殷》

“孝感祖先”，赐与宝物。

8.《鲍山》

“背母行乞”。

9.《杨香》

“扼虎救父”。

10.《琰子》

“鹿乳奉亲”。题榜刻为“睒子”。

11.《韩伯瑜母》

即韩柏榆“泣杖不痛”。

12.《曹娥》

“哭江寻父”。

13.《孟宗》

寒冬孝母，“哭竹生笋”。

14.《蔡顺》

“闻雷泣墓”。（此故事有说为王裒事迹。）

15.《赵孝宗》

赵孝宗“舍己行孝”。

16.《鲁义姑》

鲁国义姑“弃子救侄”。

17.《郭巨》

“埋儿侍母”。

18.《丁兰》

“刻木事亲”。

19.《曾参》

山中打柴，“啮指心痛”。

20.《诗母》

即姜诗孝母，“涌泉跃鲤”。

21.《王武子妻》

“割股奉亲”。

22.《刘明达》

“卖子行孝”。

23.《闵损子》

即闵子骞“单衣顺母”。闵子骞敦厚心善，少年丧母，受到后母虐待。冬天衣服单薄，不能御寒，但后母所生的两个弟弟，棉衣却很温暖。父亲发现后非常生气，要同后母离异。闵子骞劝谏父亲，不要休掉后母，说：“母在一人寒，母去三人单。”父亲听从了他的话，母亲也悔改了，两个同父异母的弟弟也无愁无忧。此图画了一个完美的结局。

六、宋代甘肃三地砖雕孝行图

甘肃出土的宋代砖雕，在同一墓葬中不见有成套的二十四孝图。多是选择其中几项常见者或是最熟悉的，制成方形的模印砖，与勤杂人员的形象以及日常生活的场景混杂在一起，嵌入墓室的墙壁上。兹选三地出土的表现孝行的砖雕，这三地是临洮、榆中朱家湾和陇西，以临洮出土的较多，共计十一幅。其中有两幅在内容上是相同的，为的是在艺术处理的手法上可作比较，看出各自的特点。

1.《孝子原穀》（甘肃临洮出土）

这是一个全景式的构图。画面并不复杂，只有三个人，从他们的年龄、动作、道具以及简单的环境，不了解内容的人也可看出：自左而右，三人为老中青三代。老人赤脚坐在山崖上，是被后两人抬来不久。两人将老人放下后即回，中年人手指年轻人在说着什么。年轻人明显即孝孙原穀，他手拖担架，又回头看着老人。其间的关系说明了什么呢？

2.《王祥卧冰》(一)
甘肃临洮出土

3.《王祥卧冰》(二)
甘肃榆中县
朱家湾出土

4.《郭巨埋儿》(一)
甘肃榆中县
朱家湾出土

5.《郭巨埋儿》(二)
甘肃陇西出土

6.《卖身葬父》
（董永故事）
甘肃榆中县
朱家湾出土

7.《文帝尝药》
甘肃榆中县
朱家湾出土

8.《丁兰刻木》
甘肃临洮出土

9.《孟宗哭竹》
甘肃临洮出土

10.《鹿乳奉亲》
（琰子故事）
甘肃临洮出土

11.《陆绩怀橘》
甘肃临洮出土

七、金代小关村壁画孝行图

1994年，在山西长子县小关村发现了一座金代砖室墓，并写有具体纪年，为大定十四年（1174）造。所画壁画很多，保存也较完整。题材内容丰富，除了表现墓主人夫妇生前的活动外，还有两人死后过“奈河桥”的情景，以及生产劳动和若干孝子故事。画面以勾线为主，略敷淡彩，分格并列描出，均有题榜。所画孝子事迹，都是当时流行的二十四孝图所常见的，共十六幅。

我国古代的墓室壁画，表现孝道者并不普遍，只是到宋金时期才逐渐多起来。作为欣赏和艺术研究，看了这组孝行图，可与石刻砖雕相比较。该墓墓室西壁的南侧，窗下及其左右，画的是农耕劳作图。左边绘有石磨，一头小驴拴在树下，另外还有石碾等农具。右侧有两人坐于地上，是一个劳动者正在休息进食，前面置有食具。值得注意的是，劳者身旁的另一人，可能是送饭的孩子，他手摇团扇，在为休息进食的劳动者扇凉。由此可以看出，生活的质朴和人伦的淳厚，是与孝道的宣扬有关的。

农耕劳作图

（金代壁画）

山西长子县小关村金墓出土

金代小关村壁画，十六幅孝行图如下：

1.《丁兰刻木》
2.《鲍山背母》

3.《郭巨埋子》
4.《董永自卖》

5.《曾子问母》

6.《闵子谏父》

7.《蔡顺椹亲》

8.《刘殷泣笋》

9.《琰子取乳》
10.《武妻割股》

11.《舜子耕田》
12.《韩伯瑜泣杖》

13.《曹娥泣江》

14.《杨香跨虎》

15.《田真分居》

16.《王祥卧冰》

八、金代墓葬石刻孝行图

金代墓葬石刻的孝行图所见不多。当时虽是北方少数民族政权统治，但在艺术上仍保持着汉族的传统与风貌，其石刻与宋代的一样，艺术水平也不低。

1.《王祥卧冰》

王祥赤身躺于冰面，衣服挂在岸边的树枝上，有题榜“王祥”二字。可能时间已久，冰裂处露出了两个鱼头。这种处理的手法，在宋代石刻中是常见的。

王祥卧冰

金代承安四年（1199）石刻

河南焦作市郊王庄邹琼墓出土

2.《孟宗哭竹》

此图与上图(《王祥卧冰》)刻在一块石头上,均为"孝感"论者的产物。在严寒的冬天,孟宗为了"母病思笋",走进竹林,扶着高耸的绿竹哭泣:为什么这时节不生竹笋?不一会儿,果然从地上长出了鲜嫩的竹笋。

孟宗哭竹

金代承安四年(1199)石刻

河南焦作市郊王庄邹琼墓出土

3.《董永遇织女》

董永家贫，卖身葬父，向财东以工还债，上工的路上，遇到了织女下凡，说是董永的孝行感动了天帝，派她帮助还债，两人结为夫妻。这是由孝行感动上天，唯一派仙女与之结合的孤例。一般的所谓“孝应”，都是物质的或钱财方面的，如冬天的竹笋与活鲤鱼、一釜黄金之类；恐怕连“感应”论者都不敢想象，会有仙女直接出面。显然这是神话传说的编造，就像“牛郎织女”引发于星座的运行，董永与织女也只是引发于“卖身葬父”而已。董永的孝行虽然在刘向的《孝子图（传）》中已有记载，说明出现得很早，但广泛流传是在《搜神记》之后。在早期的孝子传和和孝行图中，大都强调和表现董永带父下田劳动，用简单的辘车将父亲推至田头的树荫下，一边照顾父亲，一边劳动。在

董永遇织女

金代承安四年（1199）石刻

河南焦作市郊王庄邹琼墓出土

古人的心目中，好像一般的“孝感”与神话传说是有区别的。后者不过是讲故事，只有前者可能当真了。但是，神话传说讲起来是有魅力的，宋代以来，画面中织女代替了董永的田头劳动，广为流传。

4.《孝孙元觉》

元觉即原穀。由于他的父亲厌恶祖父年老多病，将其抬到山中遗弃。孝孙元觉（原穀）想不通。画面是一边聆听父亲的教训，脑后画了一道曲线，通向上方被遗弃的祖父，背靠在草堆上。元觉低头深思，紧紧抓住抬祖父的担架，要设法救祖父。

孝孙元觉

金代（1115—1234）石刻

河南修武县史平陵村出土石棺

第六章

元代“二十四孝”图

一、“二十四孝”图的定型

宋代以来的“二十四孝图”，人物并不固定，虽然有若干个是常见的，但也有一些是不常见的，甚至是陌生的名字。随着历史的演进。孝子孝女越来越多，能进入图册的只能有二十四个。他们是根据什么标准进入“二十四孝”的呢?

据说《二十四孝》的成书初编于元代，郭居敬所编，但不署名。元代张宪《玉笥集》卷五有《题王克孝二十四孝图》诗。后来就有了《二十四孝图诗》的刊印，即所谓“图诗本”的通行。明清以来的《二十四孝》图册，大都采取这种格式，在每个孝行故事的介绍文字之后附一首五言四句诗。现在已看不到郭居敬所编的原书了。清代后期高月槎、吕晋昭合编的《前后孝行录》，分作“二十四孝原本”和“二十四孝别录”两部分。所谓“原本”，是否较早的版本呢?

现据通行的《二十四孝图诗》，将有关的人物、时代、孝行事迹以及诗赞，作一介绍。从中可以看出，中国封建社会是如何宣扬“孝道”的：

1.【传说远古帝王】虞舜：“孝感动天”。舜耕于历山，有象为之耕，鸟为之耘。

◎诗曰：队队耕田象，纷纷耘草禽。嗣尧登宝位，孝感动天心。

2.【西汉】汉文帝：“亲尝汤药”。汉文帝母薄太后生病三年，帝每日亲尝汤药方进。

◎诗曰：仁孝临天下，巍巍冠百王。汉庭事贤母，汤药必先尝。

3.【春秋】曾参：“啮指心痛”。曾参少时家贫，常往山中打柴。有客至，母急啮指。

◎诗曰：母指才方啮，儿心痛不禁。负薪归未晚，骨肉至情深。

4.【春秋】闵损：“单衣顺母”。闵损，字子骞。后母虐待，寒衣单薄，仍劝父不要休后母。

◎诗曰：闵氏有贤郎，何曾怨晚娘。父前留母在，三子免风霜。

5.【春秋】仲由：“为亲负米”。仲由，字子路。家贫尝食藜藿。于百里之外负米养亲。

◎诗曰：负米供甘旨，宁忘百里遥。身荣亲已没，犹念旧劬劳。

6.【春秋】郯子：“鹿乳奉亲”。郯子身披鹿衣，往山中鹿群内取乳。幸免遭射。

◎诗曰：老亲思鹿乳，身挂鹿毛衣。若不高声语，山中带箭归。

7.【春秋】老莱子：“戏綵娱亲”。老莱子年过七十，为娱双亲，学婴儿戏舞。

◎诗曰：戏舞学娇痴，春风动彩衣。双亲开口笑，喜气满庭闱。

8.【西汉】董永：“卖身葬父”。董永家贫，父死卖身贷钱而葬；天帝派织女助永，结为夫妻。

◎诗曰：葬父将身卖，仙姬陌上迎。织缣偿债主，孝感动天庭。

9.【西汉】郭巨：“为母埋儿”。郭巨家贫不能供母，三岁之子又分母之食。埋儿挖出黄金。

◎诗曰：郭巨思供给，埋儿愿母存。黄金天所赐，光彩耀寒门。

10.【西汉】姜诗：“涌泉跃鲤”。姜诗夫妇，事母至孝。汲江水，切鱼脍，感天而泉出鱼跃。

◎诗曰：舍侧甘泉出，一朝双鲤鱼。子能知事母，妇更孝于姑。

11.【西汉】蔡顺：“拾椹供亲”。少年蔡顺，拾椹充饥，以熟透者供母，感动了赤眉军。

◎诗曰：黑椹奉萱帏，啼饥泪满衣。赤眉知孝顺，牛米赠君归。

12.【西汉】丁兰：“刻木事亲”。丁兰幼丧父母，未得奉养。刻木事亲，情感木石。

◎诗曰：刻木为父母，形容在日身。寄言诸子侄，及早孝其亲。

13.【东汉】陆绩：“怀橘遗亲”。陆绩年六岁，作客于人家，将橘藏袖中，回家供母。

◎诗曰：孝悌皆天性，人间六岁儿。袖中怀绿橘，遗母事堪奇。

14.【东汉】江革：“行佣供母”。江革少失父，独与母居。遭乱负母逃难，数遇贼劫得免。

◎诗曰：负母逃危难，穷途贼犯频。哀求俱获免，佣力以供亲。

15.【东汉】黄香：“扇枕温衾”。黄香九岁失母，事父尽孝。夏天扇凉枕席，冬天以身温被。

◎诗曰：冬天温衾煖，炎天扇枕凉。儿童知子职，千古一黄香。

16.【三国魏】王裒：“闻雷泣墓”。“裒”字有的写作“褒”。“阿香”是雷名。

◎诗曰：慈母怕闻雷，冰魂宿夜台。阿香时一震，拜墓逵千回。

17.【晋】吴猛：“恣蚊饱血”。孩子童心，八岁的吴猛竟然想出了这样“孝亲”的办法。

◎诗曰：夏夜无帏帐，蚊多不敢挥。恣渠膏血饱，免得入亲帏。

18.【晋】王祥：“卧冰求鲤”。王祥后母不慈，并失父爱。为后母尝食生鱼，而卧冰求鲤。

◎诗曰：继母人间有，王祥天下无。至今河水上，一片卧冰模。

19.【晋】杨香：“搤虎救亲”。杨香十四岁，随父往田中，遇虎搏斗，救父脱险。

◎诗曰：深山逢白额，努力搏握风。父子俱无恙，脱离馋口中。

20.【三国吴】孟宗："哭竹生笋"。孟宗，母老疾，于冬月思笋。孟宗抱竹而泣，笋生。

◎诗曰：泪滴朔风寒，萧萧竹数竿。须臾冬笋出，天意报平安。

21.【南朝齐】庾黔娄："尝粪忧心"。县令庾黔娄，父病弃官而归。医云尝粪可知病情。

◎诗曰：到县未旬日，椿庭遘疾深。愿将身代死，北望起忧心。

22.【唐】唐夫人："乳姑不怠"。崔山南曾祖母年高无齿，祖母唐夫人每日乳其姑。

◎诗曰：孝敬崔家妇，乳姑晨盥梳。此恩无以报，愿得子孙如。

23.【宋】朱寿昌："弃官寻母"。朱寿昌为妾所生，七岁时生母被逼出嫁，母子五十年不见。

◎诗曰：七岁生离母，参商五十年。一朝相见面，喜气动皇天。

24.【宋】黄庭坚："涤亲溺器"。黄庭坚字鲁直，号山谷，元祐中为太史。奉母至孝。

◎诗曰：贵显闻天下，平生孝事亲。亲身涤溺器，婢妾岂无人。

以上《二十四孝》，选定了二十四个人及其孝行，形成了后世宣扬"二十四孝"的模式，包括各人的"孝行"事迹及其诗赞，大体都是一致的。回头看古代的孝行图，汉代以来有图表现的孝子已经很多，有不少在当下的《二十四孝》中都是榜上无名。如魏汤报父仇、颜乌负土筑墓、赵徇孝父、孝孙原穀、韩柏榆泣杖、邢渠哺父、眉间赤为父报仇、曹娥哭江、刘殷盛冬思芹、田真哭荆、杨昌徒手打虎、刘明达卖儿侍母、赵孝宗舍己行孝、鲍山背母行乞、王武子妻割股奉亲，以及三州孝人等。他们为什么落选？会不会存在着厚此薄彼呢？这是一盘历史帐，不能用今天的观念和标准去衡量，即使个人的好恶，也是在封建社会主导思想的前提下的所作所为。况且"二十四孝"本身存在着严重的问题，就其主要内容而言，与我们现今的伦理道德观念是格格不入的。

综观元代出现并定型的《二十四孝》(图诗本)，虽然看不到郭居敬所编的原书，但从后代相传的所谓"原本"来看，对于"二十四孝"的设想并非着眼于具体的人选，而是从"孝道"的整体作了宏观的思考。至少有以下三点：

第一，孝为百事之先，人人都要尽孝，不分等级、贫富、贵贱、性别，从传说的远古帝王、皇帝、官员、学者、隐士到平民百姓、妇女儿童，都应该敬养父母，至诚尽孝。因此，"二十四孝"中的二十四个人选，须是社会各个层面的典型人物。也就是说，能从中看出普遍性和代表性。

第二，尽孝的形式和方式不拘。穷者、富者、显要者、卑微者，因人而异，因地而异，孝行不同，方式也不同。因此，"二十四孝"中的各种尽孝行为，没有统一规格，五花八门，各具一格。

第三，由"孝行"所引起的"孝感"，即主客之间的感应和天人之间的感应。这是封建伦理道德“孝道”的立论基础，也是封建统治者赖以统治人民的理论依据。这一点最重要，是唯物论反对孝道中“天人感应”的主要之点。

古代的统治者自称“受命于天”，是为“天子”。认为上天决定人类的命运，一切事情必须按照上天的意志进行。《孝经·三才》曰：“夫孝，天之经也，地之义也，民之行也。天地之经，而民是则之。”说明孝道是符合于天意的。

由“天命论”所导致的“天人感应”，以为人的各种行为都是在“天”的审视之下，赏善罚恶，是非分明。在《二十四孝》中那些表现“孝感”的事例，如“郭巨埋儿”挖到一釜黄金，“王祥卧冰”而跳出活鲤鱼来，“孟宗哭竹”而长出鲜竹笋来，在现代人看来是很荒唐的事，古代的学究们讲起来却是很认真的，他们以为这是上天对尽孝的赞赏和恩赐，帮助孝子解决困难。

鲁迅在《朝花夕拾》中写有一篇《二十四孝图》，回忆他的童年。文中说：

> 我所收得的最先的图画本子，是一位长辈的赠品：《二十四孝图》。这虽然不过薄薄的一本书，但是下图上说，鬼少人多，又为我一人所独有，使我高兴极了。那里面的故事，似乎是谁都知道的；便是不识字的人，例如阿长，也只要一看图画便能够滔滔地讲出一段段的事迹。但是，我于高兴之余，接着就是扫兴，因为我请人讲完了二十四个故事之后，才知道“孝”有如此之难，对于先前痴心妄想，想做孝子的计划，完全绝望了。“人之初，性本善”么？这并非现在要加研究的问题。但我还依稀记得，我幼小时候实未尝蓄意忤逆，对于父母，倒是极愿意孝顺的。不过年幼无知，只用了私见来解释“孝顺”的做法，以为无非是“听话”，“从命”，以及长大之后，给年老的父母好好地吃饭罢了。自从得了这一本孝子的教科书以后，才知道并不然，而且还要难到几十几百倍。其中自然也有可以勉力仿效的，如“子路负米”，“黄香扇枕”之类。“陆绩怀橘”也并不难，只要有阔人请我吃饭。“鲁迅先生作宾客而怀橘乎？”我便跪答云：“吾母性之所爱，欲归以遗母。”阔人大佩服，于是孝子就做稳了，也非常省事。“哭竹生笋”就可疑，怕我的精诚未必会这样感动天地。但是哭不出笋来，还不过抛脸而已，一到“卧冰求鲤”，可就有性命之虞了。我乡的天气是温和的，严冬中，水面也只结一层薄冰，即使孩子的重量怎样小，躺上去，也一定哗喇一声，冰破落水，鲤鱼还不及游过来。自然，必须不顾性命，这才孝感神明，会有出乎意料之外的奇迹，但那时我还小，实在不明白这些。

引了鲁迅的长文，是想证明“二十四孝”的说教与不可靠。他最后说：“现在想起来，实在很觉得傻气。这是因为现在已经知道了这些老玩意，本来谁也不实行。”

但我们还要继续研究下去，将“二十四孝”看个究竟，弄个明白。

二、宋元甘肃出土砖雕孝行图

宋元时期，甘肃一带普遍将砖雕用于墓葬，数量很多，有的艺术水平也很高。砖面不大，大体为方砖，高宽在30厘米左右。画面也不复杂，一般只有一两个人，道具和场景也较简单，是用雕刻好的模具在砖坯上印出来的。人物造型多用浅浮雕，表现比较细腻，但拓印时因用大拓子致使若干部位的连接处中断，不明底细的人以为原作即是如此，却不知是拓印所出现的效果。砖雕的内容，以表现日常生活者居多，有一些舂米、推磨、牵马、赶骆驼，以及侍女等画面，相当精彩。表现孝行故事的砖雕参错在以上砖雕之间，少者三三两两，多者五六七八，大都是从当时流行的“二十四孝”中选出的常见者，墓葬之间重复者很多，但表现形式和处理手法不同，反而给研究者提供了相互比较的条件。

王祥卧冰（一）
宋元时期，甘肃出土

在这一部分中，我所引用的资料，主要出自《中国画像砖全集·全国其他地区画像砖》，和陈履生、陆志宏编著的《甘肃宋元画像砖》两个本子。但后者对于画像砖的时代和出土地点均不标明，只是笼统地联称“宋元”，在介绍文字中说明出土地有定西、通渭、陇西、漳县、渭源、临洮、会宁、榆中等地，这是很不利于研究的。审视作品，宋元两个时代，艺术风格确实比较接近，有的难以区别，地区差异也不大，这可能是编著者的初衷所在。正因为艺术的区别不大，说明传统的继承关系，更须了解时代和地区的差距。由此可以看出，元代《二十四孝》的成书和定型，大约是在元代中后期，因为只是一本书，并非官方的规定，在当时的影响可能不大。现在所见到的所谓“原本”，均为明清之作。换句话说，《二十四孝图》的真正影响是在明清。相反，在甘肃出土的这些图像中，有不少是《二十四孝图》所没有收入的，如“孝孙原穀”、“柏榆泣杖”、“紫荆复萌”等，反而为人们所习见，另外，还有新的孝子故事被画出来，如“梁公望云”和“茅生杀鸡”。

王祥卧冰（二）

宋元时期，甘肃出土

郭巨埋儿（一）
宋元时期，甘肃出土

夫妻两人，一人持铲，一人抱儿，在挖坑前后的心情是可以想象的。一旦见到黄金，两人不约而同地举手抚头，作对称式构图。郭巨感到震惊，郭巨的妻子呢？一个母亲该是怎样的感情？

郭巨埋儿（二）
宋元时期，甘肃出土

郭巨为母埋儿，挖到黄金，且不说故事的合理性与可能性，作者显然是夸张了那黄金耀眼的光泽。并且其中夹杂着带孔的铜钱，明显是雕刻工匠的演绎。

董永卖身（一）

宋元时期，甘肃出土

《董永卖身》即《卖身葬父》。汉代以来，有关董永的故事，一般分作两段——“侍父孝行”和“卖身葬父”。也就是因家贫为人作佣，将年老多病的父亲带到田头树荫下照顾；父亲死后，无钱葬埋，只好将自己租贷给财主，在上工的路上遇到了织女。早期的孝行图多是前者，视后者为神话传说。但到宋元时期，大都是画董永和织女了。

此图表现董永初见织女时，招手仰望天仙下凡。

董永卖身（二）
宋元时期，甘肃出土

神话传说，天帝同情董永的孝行，派织女下凡，帮助董永。当董永了解了织女的来意之后，不仅出乎意料，简直高兴得手足无措了。

董永卖身（三）
元代砖雕，甘肃陇西出土

神与人的结合，只有在神话中才会产生，因为现实是不存在的。即使如此，这在中国神话中也是不多见的。董永因“孝”而得的际遇最高，此图中的他明显以感激之心跪在织女面前。

父亲祭神淹死于江中，曹娥沿江寻父，哭号动人，最后投江，负出父亲。画面清晰，但较简单。对于造型艺术来说，宽边框起了很大的补救作用。它圈出了特定的空间，可使简单的画面不显单调。

曹娥哭江

宋元时期，甘肃出土

闻雷泣墓
宋元时期，甘肃出土

母亲生前怕雷声。王裒每遇风雨，听到雷声，便急忙跑到母亲的墓前，担心母亲受到惊吓。据说他后来隐居，曾教授《诗经》，读到“蓼莪”篇之“哀哀父母，生我劬劳”时痛哭流涕。

鹿乳奉亲

元代砖雕，甘肃通渭出土

郯子父母俱在，年老有目疾，据说饮鹿乳可治，但从哪里得到鹿乳呢？郯子想出了个办法，披鹿皮化装成鹿的模样，去山林混入鹿群中以取得鹿乳。危险的是遇到猎人，群鹿皆跑，唯独他还留在那里，幸亏呼喊说明，才免于被射。

啮指心痛

宋元时期，甘肃出土

曾子即曾参，少时到山中打柴，家中有客人来，母亲着急，咬了自己的手指，曾参顿时感到心痛，以为家里出了事，赶紧归家。据说这是一种“心灵感应”，长期以来，有人相信，有人怀疑。难道只有“孝子”如此吗？

伯瑜泣杖

元代砖雕，甘肃陇西出土

人老力衰，是自然规律。韩伯瑜（柏榆》的母亲再严厉好强，管教儿子用杖罚的办法已经无效，因为她打不动了。孝子伯瑜有感于此，竟然为棍杖打不痛而哭泣，可以说体会细致入微，也是难得的。

丁兰刻木

宋、元代砖雕，甘肃陇西出土

丁兰幼失双亲，成人后未及尽孝，便刻木为像，进行奉养。历代孝子传中说法不一，有的说是丧母，只刻了一座木像，有的说是双亲。此图画了两座像。问题在于，孝书上说木像不但有喜怒之情，并且能掉眼泪，这可信吗？

孟宗哭竹
宋元时期，甘肃出土

孟宗的母亲生病，想吃竹笋，可是在天寒地冻的冬天哪有竹笋呢？小小的孟宗跑到竹林里抱竹痛哭：怎么不生竹笋？天真的孩子想尽孝，虽然没有做到，但是符合儿童心理，可亲可爱。如果真的为天地所感，突然从土中长出竹笋来，显然是“感应论”者所造作。

陆绩怀橘

宋元时期，甘肃出土

六岁的陆绩有机会到一个高官家里做客，人家招待他吃橘子，他悄悄地藏了两个在袖中，临走时举手作揖向主人拜别，橘子掉了出来。人家问他：你怎么会这样呢？他跪答曰："吾母性之所爱，欲归以遗母。"主人由责问而感到惊奇。

紫荆复萌·门窗

宋元时期，甘肃出土

（左）紫荆复萌：维护旧式大家庭，以紫荆三枝喻兄弟三人不再分家。

（右）门窗：墓室密封，不透气，不通风，刻此门窗为象征。

门窗・孝孙原榖

宋元时期，甘肃出土

（左）门窗：以雕刻的图像，象征墓室的门窗。

（右）孝孙原榖：画面中是祖孙三代，父亲要遗弃祖父，孝孙原榖救护了祖父。

王祥卧冰·门窗
宋元时期，甘肃出土

（左）王祥卧冰：赤身躺在冰面上，将冰融化，能跳出鲤鱼来吗？

（右）门窗：墓室不透气，不通风，以雕刻的门窗作为象征。

门窗·郭巨埋子
宋元时期，甘肃出土

（左）门窗：以雕刻的图像，象征墓室的门窗。

（右）郭巨埋子：活埋儿子，为了赡养母亲，是值得伦理学研究的个案。

三、元代甘肃定西砖雕标题孝行图

一般的石刻与砖雕，有的刻出题榜，点明某人某事，避免误解。甘肃定西市安定区等地出土的元代画像砖，将画题作为构图的一部分。后来的《二十四孝》图册，有很多也是这种形式。

1.《梁公望云》（元代砖雕，甘肃定西出土）

梁公是谁，为何望云呢？狄仁杰是唐代大臣，在武则天当政时，以不畏权势著称。卒赠文昌右相，唐睿宗时追封梁国公。宋代范仲淹有《唐狄梁公碑》。《旧唐书·狄仁杰传》说："其亲在河阳别业，仁杰赴并州，登太行山，南望见白云孤飞，谓左右曰：'吾亲所居，在此云下！'瞻望伫立久之。云移乃行。"后指思念父母，即谓"望云思亲"。

2.《鲍(抱)山担父》(元代砖雕,甘肃定西出土)

在孝子故事中有“鲍山背母”,这里为“鲍(抱)山担父”。但看画面,所担者为两个人,担的是不是父母呢?孝子故事在民间流传,常有具体情节的变化,既有增饰,又有删节。可能属于同一孝行的演绎。

3.《成子留母》(元代砖雕,甘肃定西出土)

故事内容不明。是否即孝子闵损“闵子骞失棰”(或称“单衣顺母”)。闵损后母不慈，父亲要与之离异；闵损谏父留母。待考。

4.《舜子耕田》

（元代砖雕，甘肃定西出土）

传说舜耕于历山有“象为之耕”，这里画了两头象。

5.《田真哭树》

（元代砖雕，甘肃定西出土）

即“田真哭荆”，本是兄弟三人分家，这里却只画了两人。

6.《元觉还笆》

（元代砖雕，甘肃定西出土）

元觉即孝孙原穀，笆即抬人的单架。

7.《丁兰刻木》

（元代砖雕，甘肃定西出土）

一般只刻母亲，这里刻了双亲。

8.《郭巨埋子》

（元代砖雕，甘肃定西出土）

掘地挖坑没有突出黄金却分出了层次。

9.《六积怀橘》

（元代砖雕，甘肃定西出土）

“六积”应为“陆绩”，大写之“六”为“陆”。

10.《曹娥哭江》

（元代砖雕，甘肃定西出土）

曹娥跽坐在江边，身披绸带飘动，可能是在祭神。

11.《伯夷哭杖》

（元代砖雕，甘肃定西出土）

“伯夷”应为“伯瑜”，即韩柏榆孝行。

12.《蔡顺分椹》

（元代砖雕，甘肃定西出土）

即“拾椹供亲”。

13.《孟宗哭笋》

（元代砖雕，甘肃定西出土）

即“哭竹生笋”。

四、宋元甘肃砖雕组合孝行图

俗话说“诗无定诂，画无定法”。在画面上标出画题，成为构图的一部分是一格；不标画题也是一格；更有甚者，将两三个不同的故事组合成一幅画，让读者去分辨，去猜想。当然，这里有一个过程，可能是先有标题，后无标题，待看画人对这些内容都熟悉了，再将不同的画面组合在一起。正如鲁迅在《二十四孝图》中所说：“那里面的故事，似乎是谁都知道的；便是不识字的人，例如阿长（女佣），也只要一看图画便能够滔滔地讲出一段段的事迹。”这种做法，在汉代画像石中就有，敦煌早期壁画中也有，以后便不见了。这些砖雕多用于一般墓葬，可能有经济的原因，使同一块砖表现更多的内容。

董永卖身 · 丁兰刻木
宋元时期，甘肃出土

两幅画均有标题，合在一起之后只加了一道不明显的分隔线。关于董永卖身葬父，这幅画的内容，是董永正与债主商谈，比之前者更为合理。待到在上工的路上遇见织女，已是料理父亲丧事之后了。

王祥卧冰·郭巨埋子

宋元时期，甘肃出土

两幅画均有标题，合在一起成为一个画面。中间一棵有干无枝叶的大树，将两幅画分列左右。右边的《王祥卧冰》，同时表现了两个先后的动作：先是祈求保佑，后是卧冰求鲤。从道理上讲，两者是不能一起出现的，就像舞台艺术，不能违反戏剧的“三一律”（即动作、时间、地点三者的完整一致）。除非如电影的“蒙太奇”可用相互交错的镜头；我国的戏曲则是用模拟动作（如开门关门、举马鞭代骑马等）。在通俗性的绘画上，多是用“分枝式”的方法另外框出，像这样不加勾画者是不多的。左边的《郭巨埋子》，将儿子置于土坑之上，坑中的圆形物象征黄金，只有熟悉故事的人才能看懂，否则是难以理解其中之关系的。

孝孙元觉·田真哭荆

元代砖雕，甘肃陇西出土

王祥卧冰·郭巨埋子

元代砖雕，甘肃陇西出土

以上两幅年代较晚，虽是两图组合，但有明确分界线，并且各有题榜，刻有“孝子”姓名。不同的是，都是画了单人和简单的道具。如元觉持舆、田真扶荆，王祥卧冰有鱼跃出，郭巨手中握铲。这是给熟人看的，图案学上称作“表号”。

鹿乳奉亲·孝孙原穀·茅生杀鸡
宋元时期，甘肃出土

三图组合。其中《鹿乳奉亲》居中上方，以高山作背景，右上角还有一个猎人，用弓箭获得猎物，差一点误伤化装成鹿的郯子。下左为《孝孙原穀》，原穀持舆（担架），当地人称“笆”；旁边是他的父亲，举手正在与他交谈。他们父子已经把祖父丢下，盘腿坐在画面左上角的山坡上。画的右下角画一个人，持刀面向鸡笼，准备杀鸡。这是《茅生杀鸡》，亦名《鸡不供客》，以前没有介绍过。茅生为汉代茅容，与郭林宗为至交。一天，林宗过访寓宿，见茅荣杀鸡，以为招待自己，结果是供母的，他与茅荣只吃野菜淡饭。林宗喜曰：“得友如此，足以教孝，足以成德。”

孝孙原穀 · 紫荆复萌 · 原穀念祖

宋元时期，甘肃出土

画面分左右两部分，中间以竖线隔开。左下部为《孝孙原穀》，表现原穀和他的父亲，好像已经将其祖父送往深山，背后有一副空担架。右下部为《紫荆复萌》，表现兄弟三人分家，长兄田真见堂外一棵三枝的紫荆枯死，于是扶树而哭，以为人不如树。此事感动了两个弟弟，决定不再分家，紫荆也“复萌”了。在左右二图之上，用圆弧线隔开，各画对称的两个人，一人半身如在云中，另一人似在反躬自问，内心疚愧，为了强调孝孙原穀，又重复画了两份《原穀念祖》。

郭巨埋子·王祥卧冰
宋元时期，甘肃出土

画分左右两组，以中间竖线为界；每组又分两个画面。左为《郭巨埋子》，郭巨举斧持铲，他的妻子站在旁边，并没有挖土的动作，在脚边有一个陶罐，大概是盛黄金之釜，都是象征性的，要靠人们去想象。在他们的上方，有一道曲线相隔，一老人盘腿打坐，另一人跽跪而拜，这是在敬养母亲，好像有意说明埋儿的原因。图右部为《王祥卧冰》，王祥赤身躺在那里，衣服挂在树枝上，为的是给母亲求一条活鲤鱼。他的上方也用曲线相隔，画的是敬养老人，有点佛教图画的意味。

孝感动天 · 郭巨埋子 · 孝孙原縠

宋元时期，甘肃出土

三个画面组合在一起，不分格。左上角为《孝感动天》，表现虞舜少年时期耕于历山，有象为之耕，鸟为之耘；他们正在下田。右上角为《孝孙原縠》，原縠的祖父已被抬到深山遗弃。原縠无力帮助祖父，感到内疚，到山中去看望祖父。

全图的下部为《郭巨埋子》，郭巨拿着铁铲，妻子怀抱婴儿，在他们中间已挖出了金光灿灿的黄金。如果真有其事，是惊是喜，可想而知。

紫荆复萌·孟宗哭竹·王祥卧冰

宋元时期，甘肃出土

三个画面不分格，组合在一起。上部为《紫荆复萌》，为了维护旧式的大家庭，兄弟三人由分而合，连紫荆树也复萌了。左下角是《孟宗哭竹》，孟宗正在抱竹哭求，希望在冬天里长出竹笋来。右下角是《王祥卧冰》，王祥赤身躺在冰上，右手托头，好像是在想什么，冰下的大鲤鱼已经在游动了。

行佣供母·啮指心痛·蔡顺拾椹

宋元时期，甘肃出土

三个故事三张图，合成一幅图，又不分格，只有了解了故事的内容，熟悉了其中的人物，才易辨别清楚。上左为《行佣供母》，表现东汉时的江革，背着母亲逃难，为人做工供养母亲。上右为《啮指心痛》，表现春秋时的曾参，少时往山中打柴，家中来客，母亲着急，咬了自己的手指，曾参立即感到心痛，赶紧回家。画幅下部为《蔡顺拾椹》，汉朝小蔡顺，荒年拾桑椹充饥，遇到赤眉军，见他将桑椹分盛两个筐子，问其故？蔡顺说：将熟透的椹子留给母亲。赤眉悯其孝，送给他三升白米和一只牛蹄。

杨香打虎·丁兰刻木·舍子救侄

宋元时期，甘肃出土

三图组合，上一图，下二图，共同构成一幅画。下左为《杨香打虎》，十四岁的杨香随父下田，突然出现一只猛虎将父拖去。杨香手无寸铁，不顾自己，只想救父，鼓起勇气，猛地跨上虎背，用力扼住虎颈，使它不得发威。最后虎只好逃脱，父亲免遭虎害。下右为《丁兰刻木》，丁兰自幼失母，未尽孝心赡养，便刻了一尊木像，朝夕供奉。也有说是供奉双亲的。画幅上部的故事为鲁义姑避兵乱《舍子救侄》，见于《列女传》，为节义事迹，但自汉代以来常在孝行图中出现。

董永卖身·陆绩怀橘等

宋元时期，甘肃出土

画面三图，但第三图不明其内容。左上为《董永卖身》，实际是在上工的路上遇见织女。右上为《陆绩怀橘》，此图与前不同，陆绩不是将橘子供手奉母，而是橘子掉在了地上，或是丢在了地上。将橘子孝母固然很好，但橘子的来历并不光彩，会不会有人提出异议呢？画面下部（即第三图）是表现二人对话，也看不出其他细节，不明其意。这类图在元朝砖雕中还有，该故事或许当时很流行，只是现代人陌生了。

五、元代山东平阴石刻孝行图

画有简繁之分，又有写实与变形之别。同是表现一个对象，各人所用的艺术手法和趣旨是不同的。1998年，山东平阴县南李山头村元墓出土的画像石，分别刻了二十多个孝子故事，便不成系统。有的人物重复，有的内容不明，还有的是《列女传》中的节义故事。

从表面看，这批画像整齐统一，三十二个画面高度一致，所有人物均嵌在四角菱花形的边框内，外边又套方框；只是方框有窄有宽，甚至有的缺少一边（刻不下了）。其中除孝子故事之外，还夹杂着不少的男仆女侍，男的戴宽沿圆形帽，穿右衽长袍，女的梳双髻，穿对襟衫及长裙，都是蒙古人的打扮，也分别各占一个画面。其中的孝子故事，人物之外的空间均排列了剁纹式的线条，骤然看去画面非常复杂，实际上是孝子图中最简单的一种，有的近似一个符号。

这是一种装饰手法，拓印者深谙此道，他们也将拓片分作简繁两种，一种是全拓，另一种是删繁就简，把那些细密的线条删去了。我们所看到的孝行图，除了个别的繁图之外，主要都是简图。

侍女和孝行图
元代石刻
山东平阴南李山头村出土

这是全拓的拓片（繁图），一块石板两个画面，右边是“王祥卧冰”，刻不下了，缺一边。

杨香打虎

元代石刻，山东平阴南李山头村出土

此图为简图，拓印时删去了空白处密排的细线，画面清楚了，也显得简单了。《杨香打虎》当时也称《杨香跨虎》，他急中生智，跃到了虎背上，扼住老虎的脖子不放，使老虎发不出威风。这是矛盾冲突的两方面，有此对比，画面虽简，却也不感单调。

鹿乳奉亲

元代石刻，山东平阴南李山头村出土

在现实生活中，鹿乳难得。郯子尽孝，竟然想出了这样的办法：披上鹿皮，混在鹿群中取乳。那是在两千多年前的春秋时期，山野的鹿虽多，能防猎人的弓箭也是不容易的。此图中的郯子化装得很像，看了也有趣。

曹娥哭江

元代石刻，山东平阴南李山头村出土

曹娥坐在江边，望着奔流的江水，哭寻被江水夺去的父亲而不得。她手中拿着一把勺子，天真地想把江水舀干，救出父亲。虽然是不可能的，但可见其幼小的心灵，对父的亲情之深。

孝孙原穀

元代石刻，山东平阴南李山头村出土

孝孙原穀和他父亲，已按照父亲的决定将年老多病的祖父抬到山中遗弃，正走在回家的路上。原穀拿着那副抬祖父的担架，回家藏了起来，父亲发现后问他为何保存不吉的担架，原穀回答说："等您老了，用时方便。"讲得很有道理，使父亲羞愧，又接回了祖父。

拾椹供亲

元代石刻，山东平阴南李山头村出土

西汉末年，兵荒马乱。小小的蔡顺在野地里拾桑椹充饥，遇到了农民起义军——赤眉军。见他用两个篮子盛桑椹感到奇怪。他回答说：“把熟透的黑椹子留给母亲。”且不说孝心感动了赤眉，作为造型艺术，看来画两个篮子更能说明问题。

郭巨埋子

元代石刻，山东平阴南李山头村出土

郭巨拿着铁铲，为什么挖地呢？他的妻子在旁抱着小孩，小孩似在挣扎，不明情况的人似乎也能猜到几分。然而这种事太个别了，很难想到埋儿的原因。且不说此举现在违法，就是退到两千年前，也是不正常的。

啮指心痛（一）
元代石刻
山东平阴南李山头村出土

两幅图内容相同，但人物有单有双。上图只是曾参一人，在山中打柴，突然感到心痛，意识到家中有事。下图是回到家中，问母亲出了什么事。

啮指心痛（二）
元代石刻
山东平阴南李山头村出土

两幅图内容一样，但表现有所不同。上图只是赤身卧于冰上，有三条鲤鱼露出水面。下图增加了一个情节：王祥躺在冰上一动不动，引起了鸟的注意，有两只飞来要啄“醒”他。

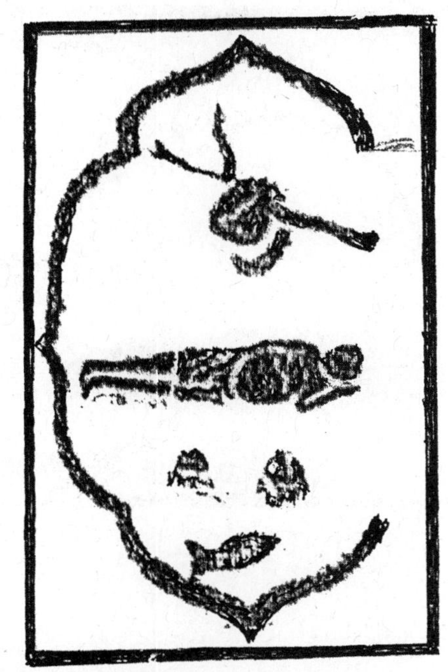

王祥卧冰（一）
元代石刻
山东平阴南李山头村出土

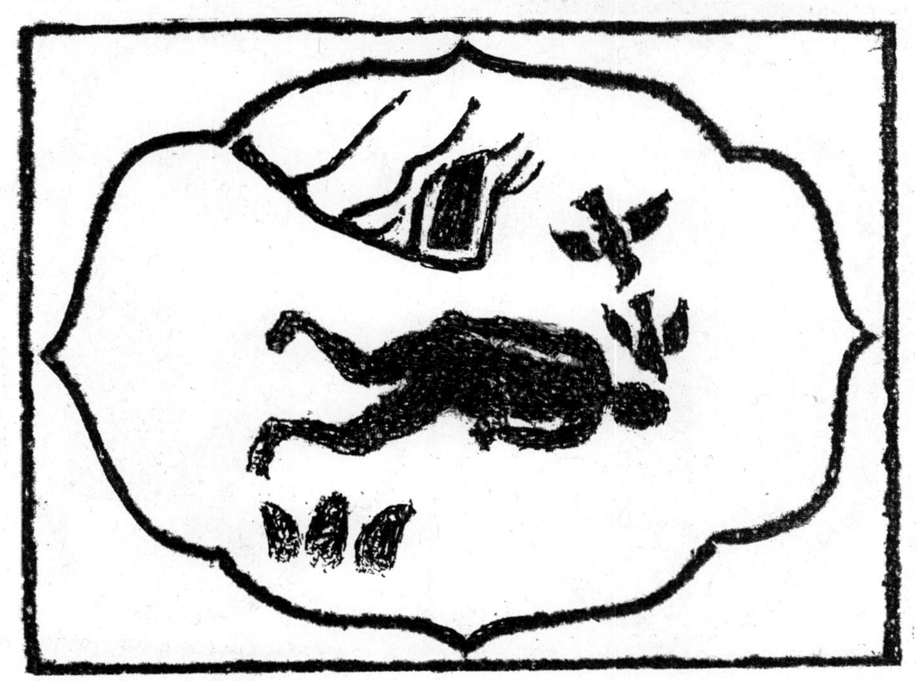

王祥卧冰（二）
元代石刻
山东平阴南李山头村出土

陆绩怀橘

元代石刻，山东平阴南李山头村出土

孟宗“哭竹生笋”（左）

王裒“闻雷泣墓”（右）

均为元代石刻，山东平阴南李山头村出土

赵氏孤儿（上）
舍儿救侄（下）
均为元代石刻
山东平阴南李山头村出土

这是春秋战国时期两个著名的历史故事，流传甚广。前者《赵氏孤儿》，表现晋国权臣屠岸贾残杀赵盾全家，并搜捕孤儿赵武，赵家门客程婴和公孙杵臼定计救出孤儿，由程婴扶养成人，得以报仇。后者《舍儿救侄》，是齐国攻打鲁国时，齐将见一妇人在山野中带着两个孩子逃难，抱大者而舍小者，齐将甚怪，便问其故。妇人鲁义姑说："大者妾夫兄之子，小者妾之子。夫兄子者，公义也；妾之子者，私义也。宁济公而废私也。"于是，齐将罢军，以为鲁国不可攻也。这两个故事都是讲"义"的，但古人往往孝义并称，汉代以来，也多放在孝行图中。

孟母断机（左）
田真哭荆（右）
均为元代石刻，山东平阴南李山头村出土

左为《孟母断机》，据说战国孟子（孟轲）少时，废学归家，孟母正在织布，持刀割断了经线，对孟轲说："你废学，就如我断织。"从此孟轲勤学自奋，遂成大儒。此图画孟母持刀，对孟轲说话，但看不出"断机"（断织）的特点。右为《田真哭荆》，田真为了维护家族式的大家庭，不愿兄弟分家，见堂前紫荆枯萎，抱荆而哭。

这批石刻的画稿，可能是事先画就的，说不定画者与刻者不是一人，它的尺寸与石料也不一致。有的在一块石板上刻一幅画还有剩余，刻两幅画又容不下。勉强刻两幅的，有一幅的外框就刻不下，不完整了。

第七章

明清石刻孝行图

一、明代原阳冯氏石棺孝行图

冯氏石棺，雕刻于明代嘉靖三十九年（1560），为当时的一种葬具。1979年出土于河南原阳县夹滩旧村。棺侧刻有铭文："嘉靖三十九年岁次庚申仲夏吉日立。……画匠郭仓，石将（匠）王继、王学。"石棺两侧刻孝子烈女等故事二十二幅。画幅连接无间隔，均有题榜。雕刻精美，为明代所少见。在石棺上留下刻画者的姓名，也是绝无仅有的。

孝子烈女图

明代石刻，河南原阳县夹滩旧村址出土

（冯氏石棺部分画像，其中包括四个故事）

单衣顺母

明代石刻，河南原阳县夹滩旧村址出土

这是冯氏石棺上所刻的一幅孝子图，也是常见的“二十四孝图”之一。少年闵子骞受到后母虐待，寒冬衣服单薄，手脚冻僵，以致“御车失棰”，拿不住赶车的马鞭，而后母所生的二子却穿得很暖和。他的父亲发现后非常生气，要休掉后母。闵子骞向父亲进言，不要与后母离异，免得两个弟弟受苦。

黄香扇枕

明代石刻，河南原阳县夹滩旧村址出土

此为“二十四孝图”常见故事之一。东汉时，黄香九岁失母，躬耕勤苦，事父尽孝。“夏天暑热，扇凉其枕簟；冬天寒冷，以身温其被席”。乡里乡亲，皆称其孝。

此图也称“扇枕温衾”。

邓伯道弃子留侄

明代石刻，河南原阳县夹滩旧村址出土

此故事也见于明代戏曲，即《桑园寄子》。东晋时石勒攻陷州郡，邓伯道携弟妇及子、侄逃难，乱军中与弟妇失散；邓伯道不能同时抱子与侄疾走，念亡弟无后，将自己之子缚在桑树上，身背其侄而逃。

曹庄磨刀劝妻

明代石刻，河南原阳县夹滩旧村址出土

曹庄妻焦氏不孝，虐待婆母。曹庄怒欲杀之，焦氏惧，反求婆母饶恕。曹庄磨刀杀犬，以示警诫。从此一家和好。

这个故事亦见于明代戏曲《忠孝图》。

老莱子娱亲

明代石刻，河南原阳县夹滩旧村址出土

《老莱子娱亲》是“二十四孝”常见故事之一，本图题榜为“老来喜班夷”，可能是当时的方言。画面所表现的，是七十多岁的老莱子，为了取悦年迈的双亲，在他们面前手舞足蹈，并尽力模仿婴儿，虚假了。这是自汉代以来，经过千年加工的结果。

二、清代保康二十四孝墓碑

湖北保康县民间，有许多墓葬石刻很有特色。其结构多是带有家族形式，在墓前树石碑、造牌坊等。长期以来，在这一带据说还有石匠村，专门以雕刻为业，为此服务，他们也积累了一套经验。据湖北美术出版社编印的《民间美术·湖北石雕砖雕》介绍说：“武当山麓保康县的石雕，在十年动乱期间遭到巨大破坏，仅在山高路险人迹稀少的边远地带尚存少数，现搜集到的石雕图片，得力于原保康县文化馆馆长柳长武先生的艰辛劳动。他冬日冒着寒风，夏天顶着烈日，不惧毒虫叮咬，常年一人翻山越岭搜寻、拍摄、拓印。保康石雕题材广泛，大致可分为日常生活、伦理教化、神话传说、戏文故事、花鸟虫鱼、书文楹联六类。”其中的“二十四孝图”，两两成组，画面之间虽有间隔，但看起来又像是一幅画，并有长条题榜。题榜都是五言的对偶句，自右而左，只写一个孝子事迹，另一个作为附带不写。这样，二十四个画面，等于十二条介绍，非常醒目。刻画人物造型简练明快，夸张而不重比例，构图也是组合式的，表露出一种稚趣。

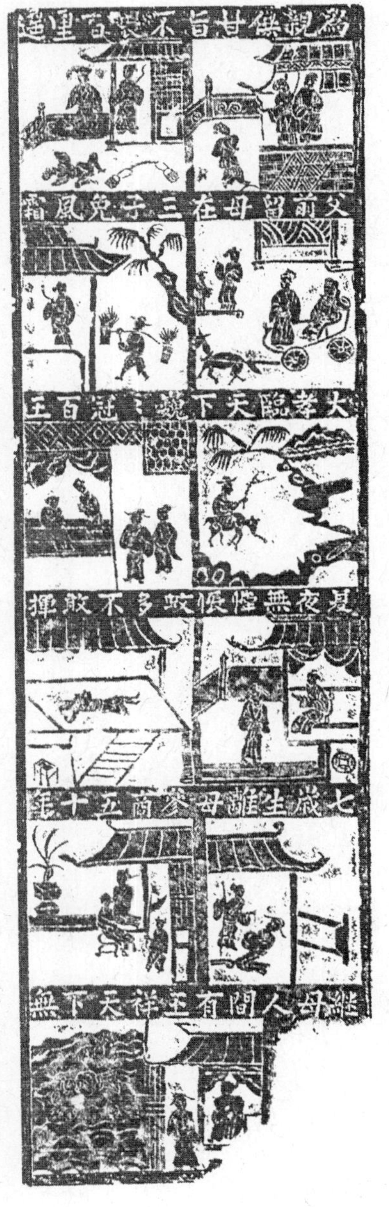

二十四孝图碑（部分）
清代，湖北保康县墓前石刻

仲由为亲负米（右）
老莱子戏綵娱亲（左）
原石题榜：“为亲供甘旨，不畏百里遥。”

闵损单衣顺母（右）
曾参啮指心痛（左）
原石题榜：“父前留母在，三子免风霜。”

虞舜孝感动天（右）
姜诗夫妇涌泉跃鲤（左）
原石题榜："大孝临天下，巍巍冠百王。"

吴猛恣蚊饱血（左）
右图故事不详
原石题榜："夏夜无帏账，蚊多不敢挥。"

朱寿昌弃官寻母（右）
唐夫人乳姑不怠（左）
原石题榜："七岁生离母，参商五十年。"

王祥卧冰求鲤（左）
黄庭坚涤亲溺器（右）
原石题榜："继母人间有，王祥天下无。"

黄香扇枕温衾（右）
左图故事不详
原石题榜：“冬月温衾煖，炎天扇枕凉。”

丁兰刻木事亲（右）
左图故事不详
原石题榜：“刻木为父母，形容日在身。”

郭巨为母埋儿（右）
杨香搤虎救亲（左）
原石题榜："郭巨思供给，埋儿愿母存。"

蔡顺拾椹供亲（右）
陆绩怀橘遗亲（左）
原石题榜："袖中怀绿橘，遗母事堪奇。"

王裒闻雷泣墓（右）
孟宗哭竹生笋（左）
原石题榜："慈母怕闻雷，冰魂宿夜台。"

郯子鹿乳奉亲（右）
董永卖身葬父（左）
原石题榜："老亲思鹿乳，身披鹿毛衣。"

三、明代武陟尊敬长上图碑

在河南武陟县文庙中，树立着一座奇特而别致的石碑，骤看是一幅山水画；青山绿水，林木茂密，亭台楼阁矗立湖边，有小桥相通，幽静秀美；仔细看去，有一对老年夫妇，一个悠闲地散步于桥头，一个倚门相望，一片平和安祥的气氛。这座石碑刻于明代万历年间（1573~1620），题名为《尊敬长上图》。此图的作者没有宣扬大自然的优美所在，而是以此突出了“尊敬长上”，让他们在这样的环境里安度晚年。而将此碑树在文庙中，其意义更为深远，不难看出，意在普及“老吾老以及人之老”的社会美德。

尊敬长上图碑

明代石刻

河南武陟县文庙

第八章

明清木刻书籍孝行图

一、从石刻到木版印刷

明清时期的石刻很多，除了书法碑刻之外，还有大量的文人书画如白描的山水、花鸟与人像，以及诗词等，嵌于庭园、走廊的壁间，甚至有的专门为了拓印，装裱成册页。在这种风气影响下，历史上曾经流传的孝行图反而不见了。值得注意的是，这方面的减少并不意味着“孝道”的衰退，而是转移了艺术的载体，由石刻、砖雕为主转向了木版印刷。与过去相比，宣扬孝道的锣鼓敲得更响了。因为木版印刷的书籍不但量大，而且小巧方便，可以拿在手中，更易于传播。

雕版印刷发源于我国，起始于唐代，就现在所能见到的资料看，佛教宣传开风气之先，最初的印刷品多是些单张的佛画、卷轴的佛经和民间历书。到了宋代，已大量刻印书籍，包括儒家的经典、文人的专集与大型的文物图录等，社会普及的程度很高，但不见于孝道之书。有关孝道的书籍，至元代才多起来，并有《孝经》《二十四孝》等单行本出现，明清时期更是普遍。

据说元代的郭居敬编定了《二十四孝》，但未见原本。周芜编《中国版画史图录》载有《孝经直解》一册，为元代至大元年（1308）建安刻本。又有《全相二十四孝诗选》一册，题名“延平尤溪郭居敬撰”，已是明初刻本。另外还有两种明代刻印的《日记故事》，均为童蒙读物，上图下文，图文对照，带有教科书的性质。

明清时期的雕版印刷业相当兴盛，全国出现了若干出版中心，私人开书局的也很多。如南京、杭州、安徽和福建等地，不仅刻印文字，并且大量地镌刻插图，几乎有书就有图。小说插图有“绣像”、“全相”等，已形成一种颇有特色的美术门类。在古代封建社会，于儿童读物中安排孝子故事和孝行图，是用心考虑的。所谓“从苗做起”，宣扬封建伦理道德，在幼小的心灵中扎根最深，收效最大，且有图画配合，更符合儿童的认知特点。

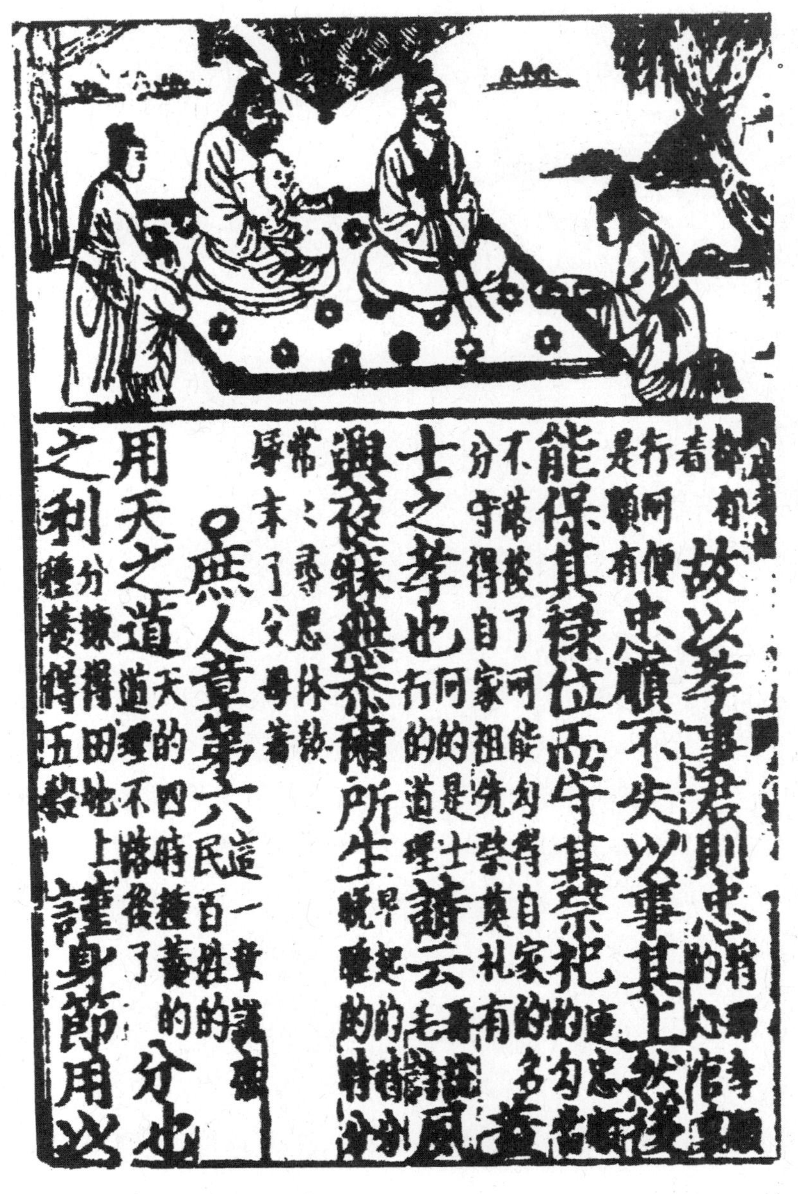

《孝经直解》
元代至大元年（1308）建安刊本
（选自周芜编《中国版画史图录》）

本书全称《新刊全像成斋孝经直解》，此页为“士章第五”之图。上图下文，便于阅读，是当时通俗的启蒙读物。

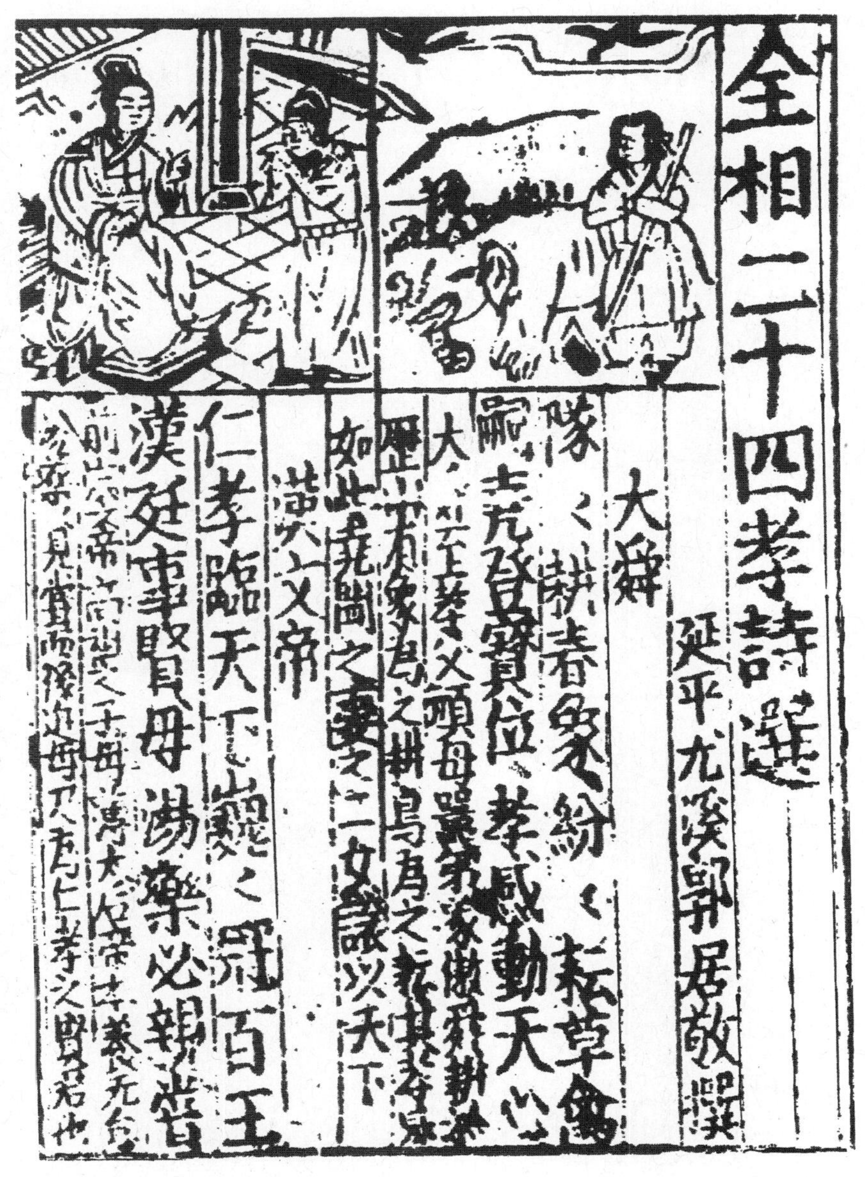

全相二十四孝詩選

延平尤溪郭居敬撰

大舜

隊隊耕春象，紛紛耘草禽。嗣堯登寶位，孝感動天心。

漢文帝

仁孝臨天下，巍巍冠百王。漢廷事賢母，湯藥必親嘗。

《全相二十四孝诗选》

明初刊本

（选自周芜编《中国版画史图录》）

此为《全相二十四孝诗选》之首页，上图下诗，内容为“大舜”与“汉文帝”。署名为“延平尤溪郭居敬撰”，系当时通俗的启蒙读物。

二、明代《日记故事》中的孝行图

《日记故事》是元代出现的一种小学启蒙读物，以后版本较多，它以封建社会的伦理道德为标准，选了各代数以百计的人物及其事迹，以图文并茂的形式进行教育。本书全称《新刊大字分类校正日记大全》，元代虞昭（以成）纂集，明代熊大木校注，明代嘉靖二十一年（1542）建安刊本。兹选其中有关孝道的条目加以介绍。

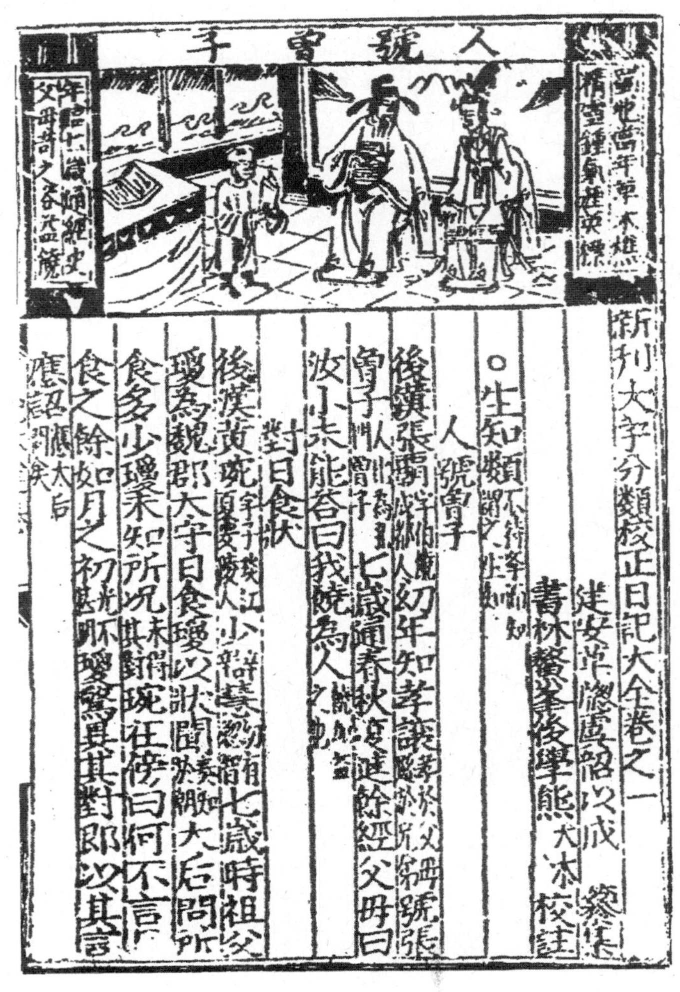

《新刊大字分类校正日记大全》首页
明代嘉靖二十一年（1542）建安刊本
（选自郑振铎编《中国古代版画丛刊》2）

1.《人号曾子》

“【后汉】张㙏（字伯饶，成都人），幼年知孝让，号张曾子。七岁通《春秋》，复进余经，父母曰：‘汝小，未能。’答曰：‘我饶为人’。”（《日记故事·生知类》）

2.《通孝经义》

“【宋】朱熹（字元晦，建阳人），八岁通《孝经》大义，书八字于其上曰：‘若不知此，便不成人。’从群儿嬉游，独以沙列八卦，端坐默视。”（《日记故事·生知类》）

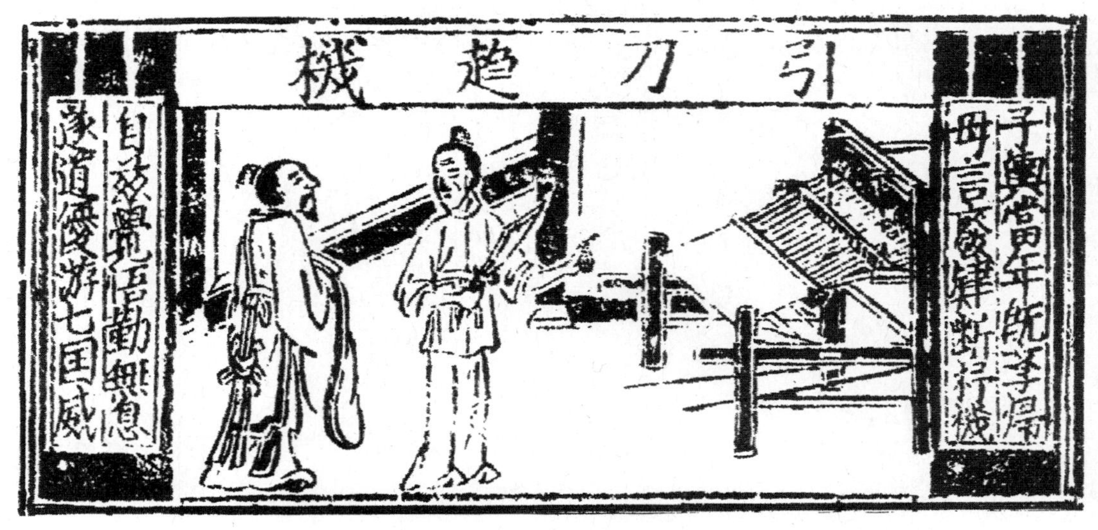

3.《以刀断织》

“【邹】战国时人，孟轲，既学而归，母以刀断其织曰：‘子之废学若吾断斯织也。’轲乃勤学不息，遂成名儒。”(《日记故事·勉学类》)

《引刀趋机》

“【魏】战国时人，乐羊子，出远学一年，来归，妻问其故？曰：‘久行怀思无他异也。’妻乃引刀趋机而言曰：‘此织生自蚕虫，成于机杼，一丝而累，以至于寸，累寸不已，遂成丈匹。今若断斯织，则废前功。今夫子积学当日就懿德，若中道而归，何异断斯织。’羊子感其言，遂终学矣。”(《日记故事·勉学类》)

4.《惟顺解忧》

“舜耕于历山，（尧）帝使其子九男二女、百官、牛羊仓廪备其事。舜于畎亩之中，天下之士多就之者，（尧）帝将胥天下而迁之焉。为不顺于父母，如穷人无所归。天下之士悦之，人之所欲也，而不足以解忧；好色，人之所欲也，妻帝之二女，而不足以解忧；富，人之所欲也，富有天下，而不足以解忧；贵，人之所欲也，贵为天子，而不足以解忧。人悦之、好色、富、贵，无足以解忧者，惟顺于父母可以（解忧）。”（《日记故事 · 爱亲类》）

5.《问安视膳》

“【周】文王之于世子（继世而有其国者），朝于王季日三（每日三往朝见其父）。鸡初鸣而衣服，至于寝门外，问内竖（掌通内外之命者）之御者（值日之人）曰：‘今日安否，何如？’内竖曰安，文王乃喜。日中又至，亦如之。及暮又至。其有不安节，则内竖以告文王，文王色忧，行不能正履。王季复膳，然后亦复初，食上，必在视寒暖之节。食下问所膳，命膳馔（掌烹宰人）曰：‘未有原（令其勿再进，恐其味变）。’应曰诺，然后退。”（《日记故事·爱亲类》）

6.《拾椹奉亲》

“【后汉】蔡顺（字君仲，汝南人），王莽末，天下大荒。顺拾椹（桑实），赤黑二器盛之。赤眉贼见而问之。顺曰：‘黑者奉母，赤者自食（黑者甜，赤者酸）。’贼知其孝，乃遗（赠）米二斗、校蹄（猎取的牛蹄之类）一只。”（《日记故事·爱亲类》）

7.《行佣供母》

“【后汉】江革（字次翁，齐郡人），少失父，遭乱，负母逃难，常采拾为养。数遇贼，或劫欲将去。革辄涕泣言有老母，辞气言足，感动贼不忍犯。转客下邳，贫裸跣，行佣供母。”（《日记故事·爱亲类》）

8.《杀鸡供母》

“【后汉】茅容（字季伟，陈留人），与等辈避雨树下，众皆夷踞相对（夷踞，以足相蹲），容独危坐愈恭（危坐，高坐也）。郭林宗行见之而奇甚异，遂与共言，因请寓宿。旦日，容杀鸡为馔，林宗谓为己设，既而供其母；自以草蔬与客同食。林宗起拜之曰：‘乡贤乎哉！’因劝令学，卒以成德。”（《日记故事·爱亲类》）

9.《泣竹笋生》

“【三国】孟宗（字恭武，江夏人），性至孝，母年老病笃，冬月思笋食，时地冻无笋。宗入竹林中，哀泣而告天，须臾，平地迸裂，出笋数莖，持归作羹供母，母病即愈。”（《日记故事·孝感类》）

10.《志学报母》

“【唐】任敬臣（字希古，济南人），五岁丧母，哀毁悲恸。七岁问父曰：‘若何可以报母？’曰：‘扬名显亲可也。’乃刻志从学。愽极群书，举孝廉，授著作郎。丁父忧而不胜哀，勺饮不入口。三年服除，迁秘书郎，后官至弘文馆学士。”（《日记故事·孝念类》）

11.《负米供亲》

“【周】仲由（字子路，孔子弟子），事二亲，时尝食藜藿之食，为亲负米百里外。亲殁之后南游于楚，从车数百乘，积粟万钟，累茵而坐，列鼎而食，愿欲食藜藿、为亲负米不可复得乎。子曰：‘由也，可谓生事尽力、死事尽思者也。’”（《日记故事·孝念类》）

12.《刻木为母》

“【汉】丁兰（河内人），少丧，乃刻木为母，日将食献之。至久，其妻不敬，以针刺其身，忽血出厉，归逐放其妻。邻有借物者，木人不悦，兰即不与。邻人怒，敲木人；兰往杀之。告于官，官免其罪。”（《日记故事 · 孝念类》）

13.《邻母辍食》

“【晋】王隐之（字处默），七岁，丁父忧，每号泣，人为之流涕。事父孝谨，及执丧哀毁过礼。与太常（官名）韩康伯邻居。康伯母贤明妇人也，每闻其哭，辍食投箸，为之悲泣。谓康伯曰：‘汝若居铨衡，当举此等人。’及康伯为吏部尚书，隐之遂眥清级（登为清要之官也）。”（《日记故事 · 孝念类》）

14.《感树敦睦》

“【晋】田真，弟庆广（田庆、田广），欲分财产。堂前有紫荆一树，花华盛茂，夜议分为三，晓即枯死。兄弟叹曰：‘树本同根，闻分尚如此，况人兄弟同气之义而可离，是人不如树木也。’兄弟感树之情，不复分焉，更加敦睦。紫荆亦复盛茂。”（《日记故事·敬长类》）

15.《忠孝两全》

“【宋】江万里，宋之故相也。闻元兵顺流破城江（郡名）。万里乃凿池芝山后铜书亭，曰‘止水’，人莫晓其意。及城将破，万里执门人陈伟器手曰：‘大势不可为，余虽不在位，当与国为存亡。’遂赴止水而死。左右及子镐（子之名）相继投池中，积尸如叠，忠孝两全。翌日，父子尸相抱浮出，从者敛葬之。谥文忠。”（《日记故事·忠君类》）

三、二十四孝图插入《日记故事》

《二十四孝图》早于绘图的《日记故事》，对于人的行为规范，特别是以典型的人物事例进行封建道德的说教，两者虽然都很重要，但后者比之前者不但数量大，人物多，而且各方面的都有。因而在社会上流行的《二十四孝图》单行本不多，大都穿插在有关的书籍中。作为儿童的蒙学读物，《日记故事》中的孝子事迹，初期是分散的，列入各类书中。可能是为了强调“孝行天下”，明代万历年间（1573—1619）出现了《二十四孝》与《日记故事》的合订本；至清代便将“二十四孝”作为《日记故事》的一类，即开头的“至孝类”。

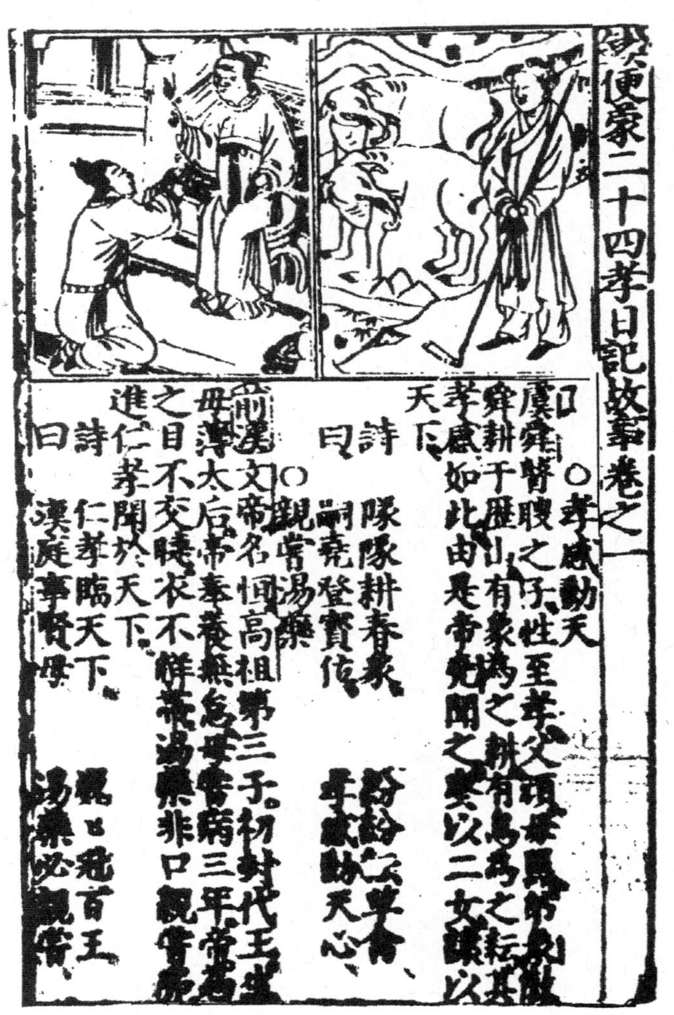
鍥便蒙二十四孝日記故事卷之一

○孝感動天

虞舜瞽瞍之子，性至孝。父頑，母嚚，弟象傲。舜耕於歷山，有象為之耕，有鳥為之耘，其孝感如此。由是帝堯聞之，妻以二女，讓以天下。

詩曰：隊隊耕春象，紛紛耘草禽。嗣堯登寶位，孝感動天心。

前漢文帝 ○親嘗湯藥

文帝名恒，高祖第三子，初封代王。生母薄太后，帝奉養無怠。母常病，三年，帝目不交睫，衣不解帶，湯藥非口親嘗弗進。仁孝聞於天下。

詩曰：仁孝臨天下，巍巍冠百王。漢庭事賢母，湯藥必親嘗。

《锲便蒙二十四孝日记故事》之首页

明万历年间刘龙田刊本，图文为“孝感动天”与“亲尝汤药”（选自《中国版画史图录》）

以下是清代较晚的一套“二十四孝图”，作为“至孝类”，收在《日记故事》中。图版也已放大，改成了全页，即由上图下文改为左图右文（各占一页）。该书全称《增广日记故事详注》，上下两卷，清代王相注，刻绘者不署名。清光绪二十七年（1901）镇江善化书局刊印。全书共分31类238条，只有“至孝类”有图（24幅），其他条目有文无图。

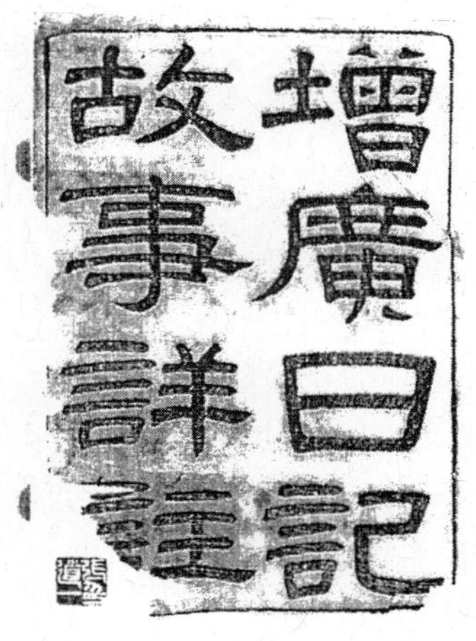

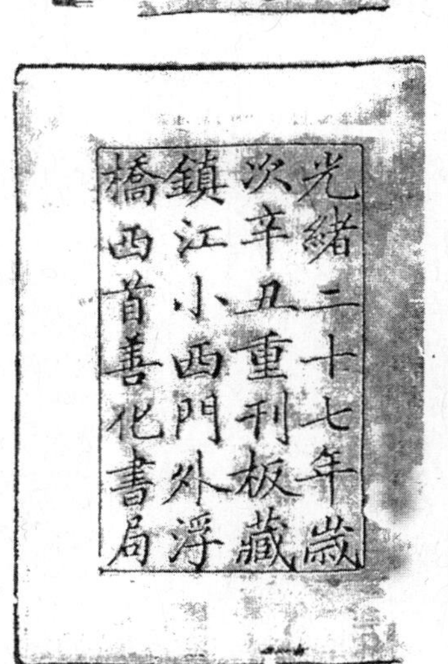

《增广日记故事详注》
书衣与书牌
清光绪二十七年（1901）
镇江善化书局刊本书中之“至孝类”
即“二十四孝图”

1.《孝感动天》
虞舜象耕

2.《亲尝汤药》
西汉，文帝

3.《啮指心痛》
春秋，曾参（曾子）

4.《单衣顺母》
春秋，闵损（子骞）

5.《为亲负米》
春秋，仲由（子路）

6.《鹿乳奉亲》
春秋，郯子

7.《戏䌽娱亲》
春秋，老莱子

8.《卖身葬父》
汉代，董永

9.《为母埋儿》
汉代，郭巨

10.《涌泉跃鲤》
汉代，姜诗夫妇

11.《拾椹供亲》
汉代，蔡顺

12.《刻木事亲》

汉代，丁兰

13.《怀橘遗亲》

东汉，陆绩

14.《行佣供母》
东汉，江革

15.《扇枕温衾》
东汉，黄香

16.《闻雷泣墓》
三国魏，王裒

17.《恣蚊饱血》
晋代，吴猛

18.《卧冰求鲤》
晋代，王祥

19.《搤虎救亲》
晋代，杨香

20.《哭竹生笋》
三国吴，孟宗

21.《尝粪忧心》
南朝齐，庾黔娄

22.《乳姑不怠》
唐代，唐夫人
（崔山南祖母）

23.《弃官寻母》
宋代，朱寿昌

24.《涤亲溺器》
宋代，黄庭坚

四、劝善书中的孝行图

旧时社会上流行着一种劝善书，所谓“趋吉避凶”、“善恶果报”，实际上是夹杂着宣扬封建迷信。其中也包括了一些孝行故事。如清代的《善恶果报录》，就有常见的“枯荆重荣”和不多见的“为姑割肝”。这类书连同蒙学读物等，过去的图书馆和藏书家一般都不收藏。但现代的民俗学家和西方的汉学家倒很重视，从中能看出一些本质的东西。

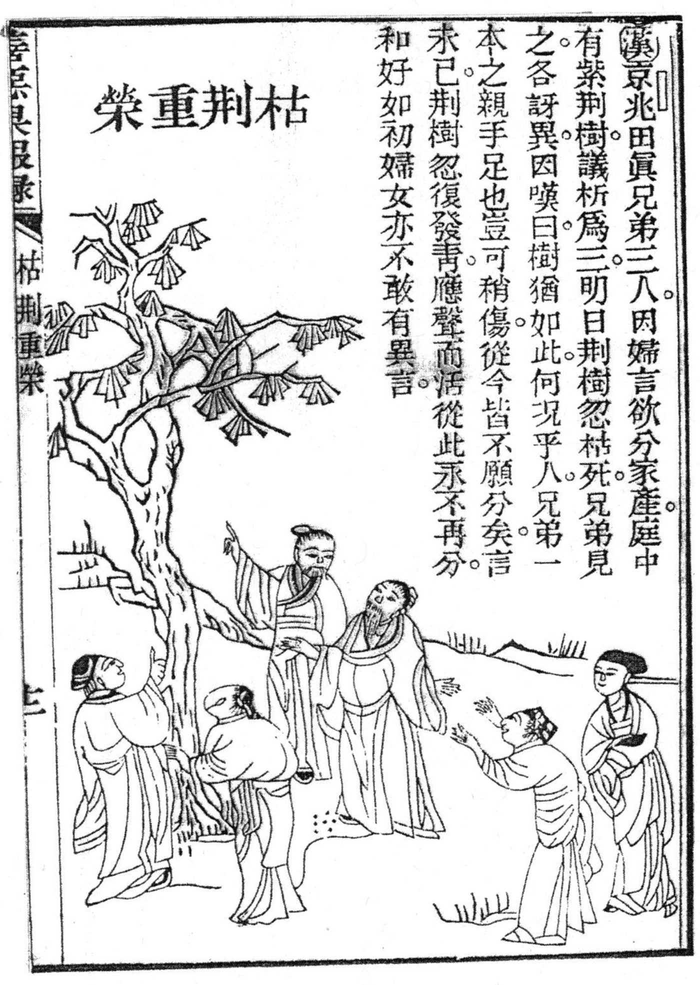
善惡果報録
枯荆重榮
枯荆重榮
漢京兆田眞兄弟三人因婦言欲分家産庭中有紫荆樹議析爲三明日荆樹忽枯死兄弟見之各訝異因嘆曰樹猶如此何況乎人兄弟一本之親手足也豈可稍傷從今皆不願分矣言未已荆樹忽復發青應聲而活從此永不再分和好如初婦女亦不敢有異言

枯荆重荣

清代刊本《善恶果报录》

伦敦大英图书馆藏

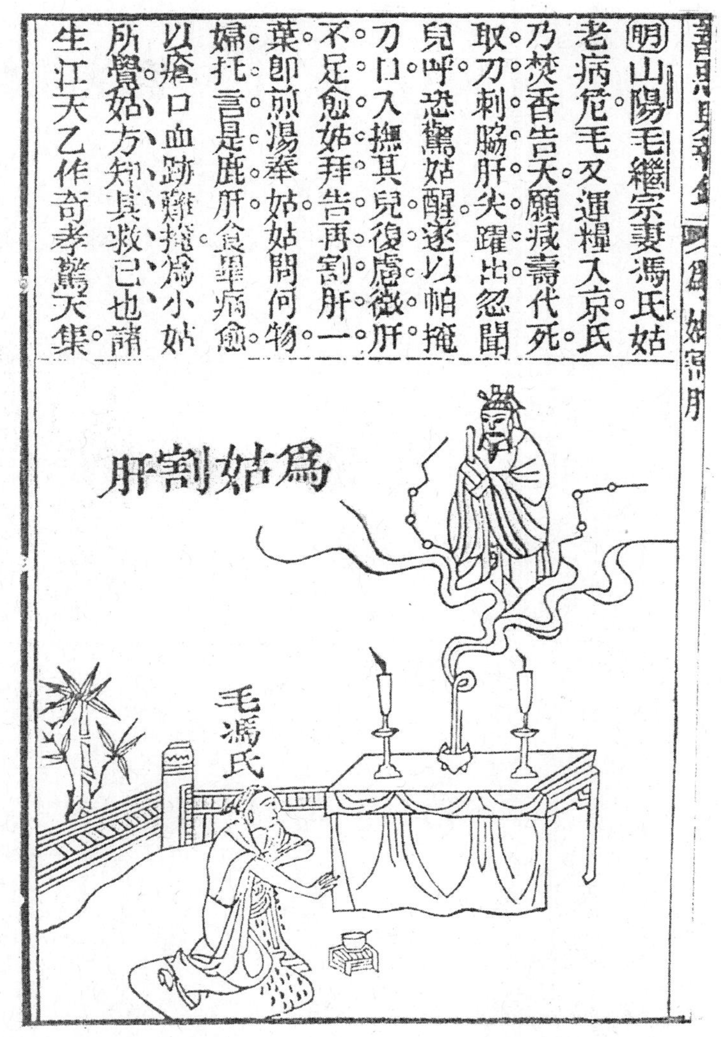

为姑割肝

清代刊本《善恶果报录》

伦敦大英图书馆藏

两幅孝行图，均为感应论的产物。一幅是为了维护封建大家庭，让一棵荆树枯了又荣；另一幅竟然是用刀剖肝。明代山阳毛继宗的妻子冯氏，为了给婆母治病，道听途说，既不懂医术，也没有医疗设备，竟然割了自己的肝给婆母吃，据说“奇孝惊天”。即使存有孝心，这样做岂不是愚昧的行为吗？

五、千家诗与二十四孝合刊本

本是不同性质的两种读物，为了让图画引起儿童的兴趣，将《二十四孝图》和《七言千家诗》合刊。这是清代金陵（南京）李光明庄刻印的《绘像正文千家诗》。“二十四孝图说”在上，“七言千家诗在下”。图虽小，颇精致，全录于下。

繡像二十四孝圖說

繪像正文千家詩上卷

金陵聚寶門大功坊郭家巷內秦

狀元巷中李光明莊梓行

春日偶成　程明道

雲淡風輕近午天　傍花隨柳過前川

時人不識余心樂　將謂偷閑學少年

春日　朱文公

勝日尋芳泗水濱　無邊光景一時新

等閒識得東風面　萬紫千紅總是春

《绘像正文千家诗》首页

（绣像二十四孝图说）

清代金陵（南京）李光明庄刻印

1.《孝闻天下》

孝聞天下

虞舜，瞽瞍之子，性至孝。父頑，母嚚，弟象傲。舜耕于歷山，有象爲之耕，鳥爲之耘。其孝感如此。帝堯聞之，事以九男，妻以二女，遂以天下讓焉。

詩曰

隊隊耕田象
紛紛耘草禽
嗣堯登寶位
孝感動天心

2.《亲尝汤药》

親嘗湯藥、

前漢文帝、姓劉名恆、乃漢高祖第三子、初封代王、嫡母薄太后、帝奉養至孝、母病三年、帝目不交睫、衣不解帶、湯藥非口親嘗弗進、仁孝聞于天下、

詩曰

仁孝臨天下
巍巍冠百王
漢庭事賢母
湯藥必親嘗

3.《啮指痛心》

嚙指痛心

周曾參、字子輿、事母至孝、參嘗採薪山中、家有客至、母無所措、望參不還、乃嚙其手指、參忽心痛、負薪以歸、跪問其故、母曰、有急客至、吾嚙指以喚汝爾、

詩曰

母指纔方嚙、
兒心痛不禁、
負薪歸未晚、
骨肉至情深、

4.《单衣顺母》

單衣順母

周閔損字子騫，早喪母，父娶後母，生二子，衣以棉絮，妬損，衣以蘆花，父令損御車，體寒失轡，父察知故，欲出後母，損曰，母在一子寒，母去三子單，母聞言自悔改，

詩曰

閔氏有賢郎，
何曾怨晚娘，
一庭和順日，
端的耐冰霜，

5.《为亲负米》

爲親負米

周仲由字子路、事親至孝家貧、食藜藿之食、爲親負米於百里之外、親歿、南遊於楚、從車百乘、積粟萬鍾、累裀而坐、列鼎而食、乃歎曰、雖欲食藜藿之食、爲親負米、不可得也

詩曰

負米供甘旨、
寧辭百里遙、
身榮親已歿、
猶念舊劬勞

6.《卖身葬父》

賣身葬父

漢董永家貧父死賣身貸錢而葬父及去償工途遇一婦求爲永妻俱至主家令織縑三百匹乃回一月完成歸至會所謂永曰我天界仙女由君行孝天帝令我助君償債工畢不可久停遂别而去

詩曰

葬父將身賣仙姬陌上迎
織縑還債主孝感動天庭

7.《鹿乳奉亲》

鹿乳奉親

周郯子性至孝、父母年老、俱患雙眼、思食鹿乳、郯子順成親意、乃衣鹿皮、去深山入鹿羣之中、以取鹿乳供親、獵人見而射之、郯子具以情告、乃免其禍、

詩曰

親老思鹿乳、
身披鹿毛衣、
若不高聲語、
山中帶箭歸、

8.《行佣供母》

行傭供母

後漢江革、少失父、獨與母居、遭亂、負母逃難、遇數賊、或欲劫將去、革泣告曰、有老母在、賊不忍殺、轉至下邳、貧窮裸跣、行傭以供母、便身之物莫不畢給、

詩曰

負母逃危難、
窮途犯賊頻、
哀求俱獲免、
傭力以供親、

9.《怀橘遗亲》

懷橘遺親

吳陸績字公紀，年六歲，於九江見袁術。術因出橘，績懷二枚。及歸拜辭，橘墮地。術曰：陸郎作賓客而懷橘乎？績跪答曰：吾母性之所愛，欲歸遺母。術大奇之。

詩曰

孝弟皆天性

人間六歲兒

袖中懷綠橘

遺母事堪奇

10.《乳姑不怠》

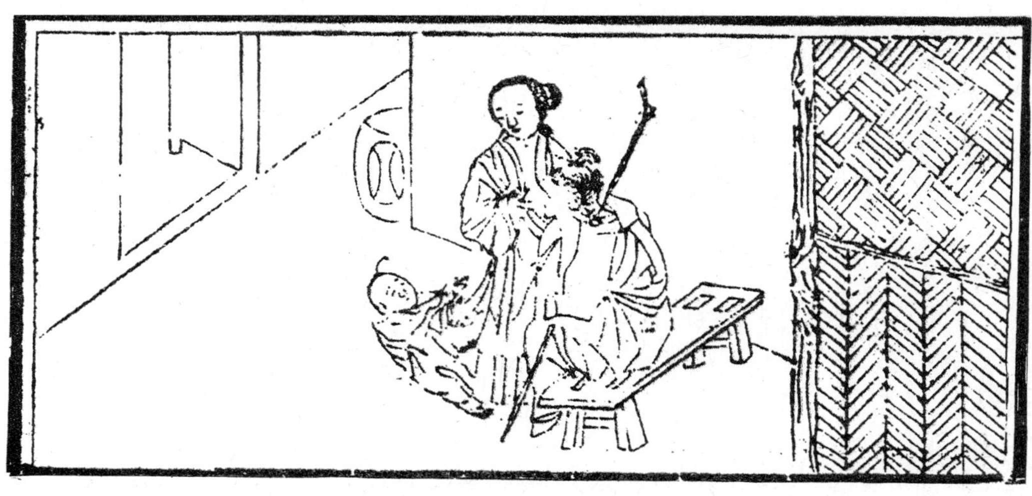

乳姑不怠

唐崔山南曾祖母長孫夫人年高無齒。祖母唐夫人每日櫛洗拜於階下，即升堂乳其母姑。不粒食數年而康寧。一日疾篤，長幼咸集，宣言無以報新婦恩，願汝孫婦亦如新婦孝敬矣。

詩曰

孝敬崔家婦，
乳姑晨盥梳。
此恩無以報，
願得子孫如。

11.《恣蚊饱血》

恣蚊飽血

晉吳猛年八歲事親至孝家貧無蚊帳每夜任蚊多攢膚恣渠膏血之飽雖多不驅恐去己而噬親也

詩曰

夏夜無帷帳
蚊多不敢揮
恣渠膏血飽
免使入親幃

12.《为母埋儿》

爲母埋兒

晉郭巨有子三歲母常減
食與之巨謂妻曰貧乏不
能供母子又分母之食盍
埋此子兒可再有母不可
復得妻不敢違巨遂掘坑
三尺餘忽見黃金一釜金
上有字云天賜黃金與巨
孝子官不得奪民不得取

詩曰

郭巨思行孝埋兒願母存
黃金天所賜光彩照寒門

13.《弃官寻母》

棄官尋母

宋朱壽昌年七歲、生母劉氏爲嫡母所妬、出嫁。母子不相見者五十年。神宗朝棄官入秦、與家人決、誓不見母不復還。行次同州、得之、時母年七十餘矣。

詩曰：

七歲生離母，

參商五十年。

一朝相見面，

喜氣動皇天。

14.《闻雷泣墓》

聞雷泣墓

魏王裒字偉元，王儀之子，廬陵人，事親至孝。母存日，性怕雷。既卒，殯葬山林。每遇風雨，聞阿香响震之聲，即奔至墓所，拜跪泣告曰："裒在此，母親勿懼。"

詩曰：

慈母怕聞雷
冰魂宿夜臺
阿香時一陣
到墓遶千回

15.《刻木为亲》

刻木爲親

漢丁蘭幼喪考妣未得奉
養長而思報劬勞之恩刻
木爲親事之如生其妻久
而不敬以針戲刺其指出
血木像見蘭眼中流淚因
問得其情將妻出之

詩曰

刻木爲父母
形容在日時
寄言諸子姪
及早孝親幃

16.《搤虎救亲》

搤虎救親

漢楊香年十四歲嘗隨父楊豐往田穫粟父為虎拽去時香手無寸鐵惟知有父而不知有身踴躍向前搤持虎頸虎亦靡牙而逝父因得免於害迄今孝聞於世

詩曰

深山逢白額
努力搏腥風
父子俱無恙
脫離饞口中

17.《卧冰求鲤》

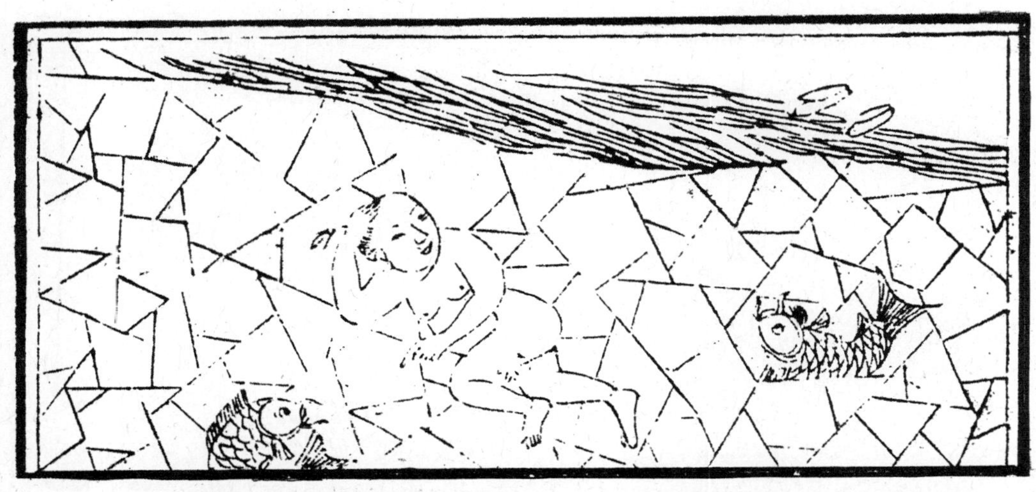

臥冰求鯉

晉王祥，字休徵，早喪母。繼母朱氏不慈，父前數譖之，由是失愛於父。母嘗欲食生魚，時值隆冬，天寒冰凍，祥解衣臥冰求之。冰忽自解，雙鯉躍出，持歸供母。

詩曰：

繼母人間有，王祥天下無。
至今河水上，一片臥冰模。

18.《哭竹生笋》

哭竹生笋

晉孟宗字公武少孤母老疾冬月思笋宗乃往竹林間抱竹而哭孝感天地須臾地裂出笋數莖持歸奉母

詩曰

淚滴朔風寒
蕭蕭竹數竿
須臾冬笋出
天意報平安

19.《戏綵娱亲》

戲綵娛親

周老萊子至孝奉二親行年七十著五綵斑衣為嬰兒戲於親側養極甘脆言不稱老為親取水上堂詐跌臥地作小兒啼以娛親喜

詩曰

戲舞學嬌痴
春風動綵衣
雙親開口笑
喜色滿庭闈

20.《黑椹供亲》

黑椹供親

漢蔡順少孤事親至孝遭王莽亂歲荒不給拾桑椹以異器盛之赤眉賊見而問曰何異乎順曰黑者奉母赤者自食賊憫其孝不忍傷之反贈白米三升牛蹄一隻

詩曰

黑椹供萱幃
啼飢淚滿衣
赤眉知孝順
牛米贈君歸

21.《涌泉跃鲤》

踴泉躍鯉

漢姜詩事母至孝妻龐氏奉姑尤謹母性好飲江水妻出汲而奉之姑嗜魚膾夫婦常作以進召隣母共食舍側忽有湧泉味如江水日出雙鯉詩取以供母膳

詩曰

舍側甘泉出
一朝雙鯉魚
子能知事母
婦更孝於姑

22.《扇枕温衾》

扇枕溫衾

後漢黄香年九歲失母思慕惟切鄉人稱其孝躬執勤苦事父盡孝夏天暑熱則扇凉其枕衾冬天寒冷以身溫其被席太守劉護表而異之

詩曰

冬月溫衾煖
炎天扇枕凉
兒童知子職
千古一黄香

23.《尝粪忧心》

嘗糞憂心

南齊庾黔婁奉勑為縣令，到任未旬日，忽父母有疾，婁即辭官歸，朝夕服役。醫者云：欲知疾解，須得糞苦則佳。婁嘗之甜，憂之。至夕，稽顙北辰，求以身代。

詩曰

到縣未旬日，
椿庭遘疾深。
願將身代死，
北望起憂心。

24.《涤亲溺器》

滌親溺器

宋黃庭堅號山谷元祐中爲太史性至孝身雖貴顯奉母盡誠每夕親爲母滌溺器未嘗一刻不供子職

詩曰

貴顯聞天下
平生孝事親
親身滌溺器
不用女奴人

六、《百备全书》中的二十四孝图

《百备全书》是民间的一部日用杂书。全书共十卷，包括天文地理、历史帝王、占卜算法、天师灵符、人畜杂病、尺牍契约，以及百家姓、千家诗、警世文等。其中《二十四孝》有图无文。所见为残书，未署作者姓名。书中“帝王纪”刻到清代嘉庆年止。此书收集于江西南昌，或有可能为当地刊印。

《二十四孝图》

（清代《百备全书》部分）

1.《大舜耕田》

2.《文帝尝药》

3.《曾参痛心》

4.《闵损御车》

5.《鹿乳奉亲》

6.《行佣供母》

7.《子路负米》

8.《董永卖身》

9.《陆绩怀橘》

10.《乳姑不怠》

11.《吴孟（猛）恣蚊》

12.《王祥卧冰》

13.《郭巨埋儿》

14.《杨香打虎》

15.《寿昌寻母》

16.《黔娄尝粪》

17.《莱子娱亲》

18.《蔡顺拾椹》

19.《黄香扇枕》

20.《姜诗事母》

21.《王裒泣墓》

22.《丁兰刻木》

23.《孟宗哭竹》

24.《庭坚溺器》

七、清代《前后孝行录》

《前后孝行录》编于清代晚期，道光二十五年甲辰（1844）京江柳书谏堂重刊。这个版本是据道光初年莱香堂初刊本修补的。所谓“前后孝行录”，前者系自元代以来定型的“二十四孝”，本书称作《二十四孝原本》，其中二十四个孝行人物已固定，介绍文字大同小异，图画也多是图解式的；后者称作《二十四孝别录》，即新编的“二十四孝”及其图画。其中的人物有以前述及者，也有一些是未介绍过的。清代后期，一方面沿用过去的“二十四孝图”；另一方面又出现了许多所谓“新编”者，有的巧立名目，隐含着互相竞争之意，如有《百孝图》《二百卌孝图》等。为了这个“卌”字，鲁迅《朝花夕拾・后记》中曾指出：“光绪己卯（1879）肃州胡文炳作的《二百卌孝图》——原书有注云：‘卌读如习。’我真不解他何以不直称四十，而必须如此麻烦。”

道光甲辰年春敬慕重鐫
前後孝行錄
京江柳書諫堂

《前后孝行录》
清道光二十五年（1844）
京江柳书谏堂重刻本

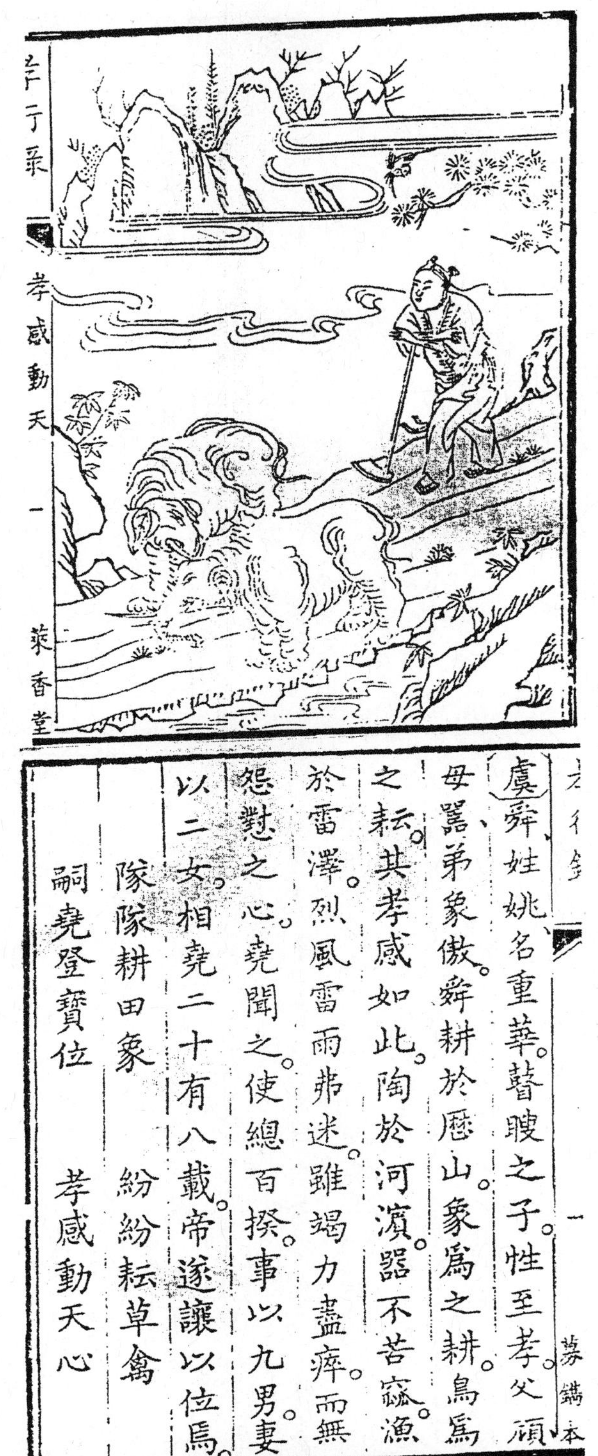

虞舜姓姚、名重華。瞽瞍之子。性至孝。父頑母嚚、弟象傲。舜耕於歷山。象爲之耕。鳥爲之耘。其孝感如此。陶於河濱。器不苦窳。漁於雷澤。烈風雷雨弗迷。雖竭力盡瘁。而無怨懟之心。堯聞之。使總百揆。事以九男。妻以二女。相堯二十有八載。帝遂讓以位焉。

隊隊耕田象　紛紛耘草禽

嗣堯登寶位　孝感動天心

《二十四孝原本》

所谓“原本”，即明清时期通行的版本。人物事迹已经固定，孝子不变，情节雷同，画面多无新意。本书只选了开头的一幅，以示与后续的联系，其他从略。原来的版式是左图右文，各占一页，现在改成了上下排列。

第一幅《孝感动天》

传说远古帝王，虞舜少时耕于历山，有“象耕鸟耘”相助。

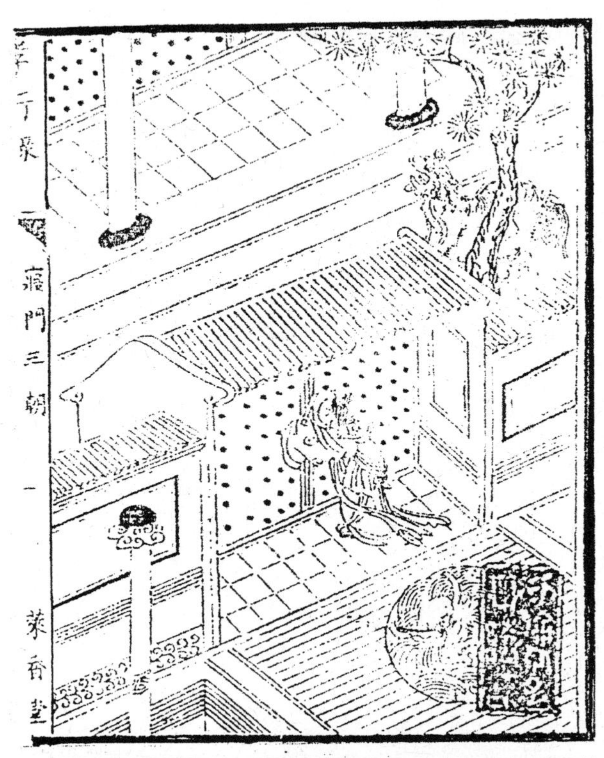

周文王姬昌為世子時。朝於王季日三。雞初鳴而衣服。至於寢門外。問內豎之御者曰。今日安否何如。內豎曰安。文王乃喜。及日中又至。亦如之。及暮又至。亦如之。其有不安節。則內豎以告。文王色憂。行不能正履。王季復膳。然後亦復初。食上。必視寒煖之節。食下。問所以膳。命膳宰曰末有原。應曰諾。然後退。

自聽雞鳴起　三番到寢門
問安兼視膳　竭力奉晨昏

《二十四孝别录》

别录即《后二十四孝》。其中有些孝子故事前已介绍，只是在元朝时没有被选入“二十四孝”而已。如韩伯俞、颜乌、曹娥、茅容等。花木兰“代父从征”也是家喻户晓的。总的说，因为有别于定型了的“二十四孝”，所以看起来比较新鲜。现将二十四幅图全录于后。

1.《寝门三朝》
周文王姬昌

漢曹娥。上虞人。曹盱之女。盱為巫祝。能撫節按歌以悅神。五月五日。逆流而上。為水所淹。屍不能得。娥年十四。沿江號泣。旣而投瓜於江。祝曰。父屍所在。瓜當沉。旬有七日。至一處。瓜沉。遂投水。經五日。負父屍出。顏色如生。邑人為立曹娥孝女廟。

父溺屍難覓　投瓜赴急流
巍巍江上廟　千載孝名畱

2.《投江觅父》

汉代，曹娥

孝行録　三　募鐫本

漢 顏烏會稽人。業漁樵。每忍饑以養父。父亡。無力營葬。乃負土築墳。羣烏銜土助之。其吻皆傷。遂名其縣曰義烏。

無力營窀穸　孤身負土勤

義烏能感召　千百助成墳

3.《乌助成坟》

汉代，颜乌

4.《血刃仇人》

汉代，赵娥

漢趙娥父安。爲同縣人李壽所殺。娥兄弟三人俱病死。讎喜以爲莫已報也。娥潛備刃伺之。積十餘年。遇於都亭。刺殺之。刃其頭詣縣曰。父讎報矣。請受戮。縣義之。欲釋娥不肯曰。何敢苟生以枉公法。自入獄。遇赦免。

父殺諸昆死　閨中膽女兒

狂讎且莫喜　備刃正相隨

募鐫本

孝行錄　五　募鐫本

漢茅容、字季偉。與郭林宗交最篤。林宗過訪寓宿。旦日殺雞為饌。林宗以為為已設也。少頃。容進而供母。自攜野蔬與客飯。林宗喜曰。得友如此。足以敎孝。足以成德

甘旨貧家薄　烹雞勸母餐

園蔬同客飽　麤糲有餘歡

5.《鸡不供客》

汉代，茅容

蜀漢李餘，涪城人。年十三。父殺人出亡。母下吏。餘乞代死。官以為人所使也。不許。遂自殺。事聞。詔圖像懸郡縣廷。以勵風俗。

代親終不許　難訴九重天
慈母如遺戮　兒先赴冥泉

6.《图像公廷》
蜀汉，李余

三國時魏王脩、年七歲喪母。母於社日亡。明年鄰人舉社。烹羊酌酒。歡笑之聲徹戶外。脩感念母亡。悲啼悽惋。隣人聞之。爲之罷社。

哀意感鄰里　紛紛罷社歸
遥看桑柘影　不覺淚交揮

7.《邻里罢社》
曹魏，王脩

孝行錄　　募鐫本

晉王祥弟覽字元通。母朱氏遇祥不慈。覽年四歲。見祥被撻。輒流涕抱護。及長。朱虐使祥妻。覽妻亦往。祥漸有時譽。朱益惡之。乃酖祥。覽知取飲。祥固爭之。不與。朱恐覽飲。急傾去。自後每食。覽必先嘗。坐臥必同處。朱感而悔。愛祥如愛覽。

豈獨全兄孝　無能感母慈

乘舟空泛泛　堪嘆衛風詩

8.《护兄感母》

晋代，王祥弟王览

晉陶侃每飲酒有定限。常歡有餘而限已竭。殷洪源勸再少進。侃曰。年少時曾有酒失。亡親見約。故不敢違踰限是忘親矣。終不寬飲。按、侃官太尉。封長沙公。謚曰桓。

每飲懷難釋　從前事甚非

友朋休苦勸　親約不能違

9.《不违酒约》
晋代，陶侃

孝行録　十　募鐫本

晉趙景真名至。少時詣鄉師受業。聞父耕叱牛聲。投書而泣。師怪問之。真曰。我未能養。使老父勞苦。是以泣耳。師奇之。後從稽中散學。成名儒。

未克供滫瀡　猶教老父耕
驚心因輟誦　忍聽叱牛聲

10.《闻耕辍诵》
晋代，赵景真

孝行錄　十　慕鐫本

晉裴秀母、婢妾也。秀年八歲。善詩文。有神童之目。嫡母許。虐待其母。一日宴客。令進饌。座客皆為之起。三揖止之。許於屏後見之歎曰。微賤如此。而客加禮。殆因秀兒故也。遂優遇焉。

膝下佳兒在　賓朋不敢輕

堂前方肅揖　屏後有人驚

11.《使客敬母》

晋代，裴秀

梁韓伯俞事親能順。每有小過。母怒。跪而進杖。笞之。亦不泣。一日母笞之。淚下。母曰。他日未嘗泣。今泣何也。對曰。他日笞痛。今母力不能使痛。哀矣。故泣耳。母泣然投杖。

跪受慈親杖　中情不覺傷
施刑無力處　兩鬢感蒼蒼

12.《受杖感衰》
汉代，韩伯俞

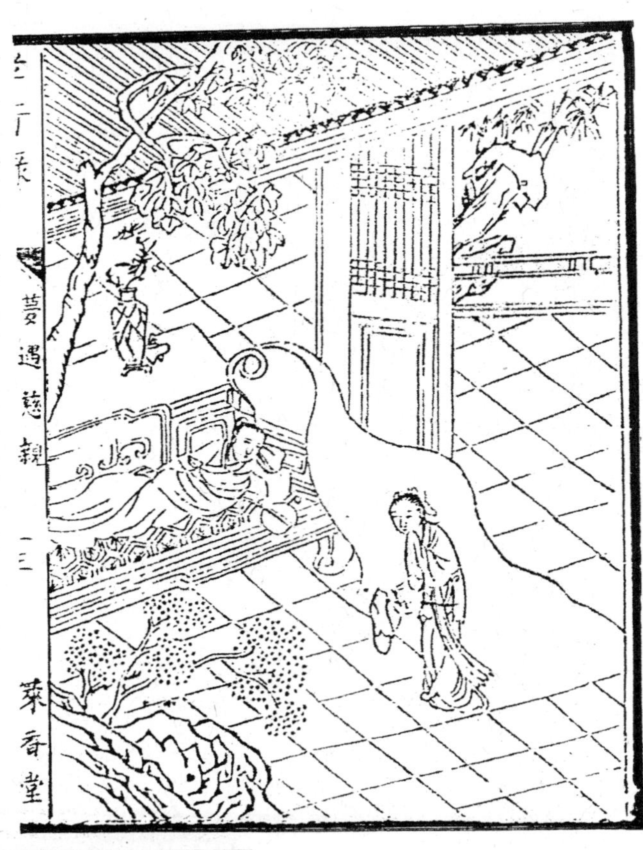

齊宣都王鏗三歲失恃。悲不自勝。及長。祈請幽冥。求一夢見。誠心三年。夢一婦人。云是其母。鏗大哭而覺。急問舊時侍疾諸人。容貌衣服。果如平生。

三歲當衰絰　慈顏記得無

誠心求一見　夢裏不模糊

13.《梦遇慈亲》

南朝齐，王铿

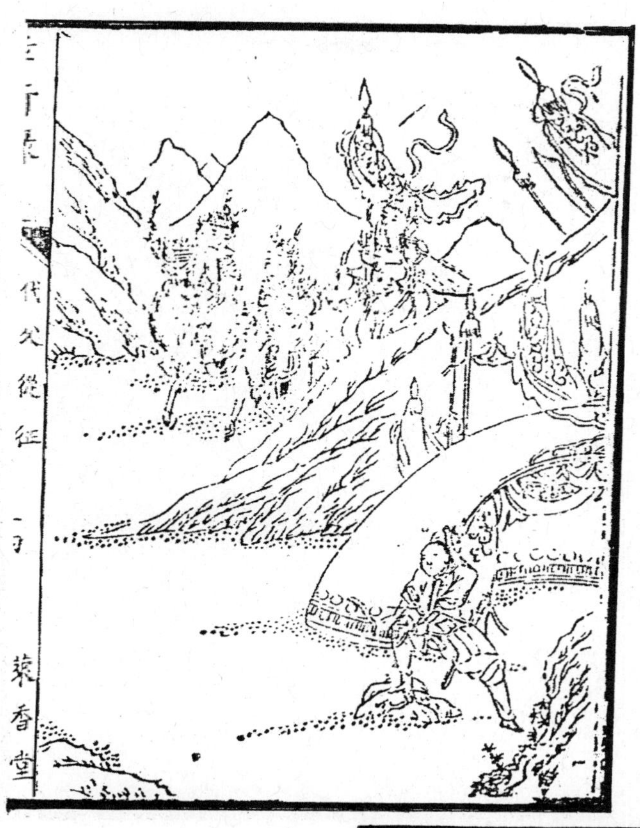

隋花木蘭。父弧商邱人。時苦征役。父老且病。不能從行。為有司所逼。蘭乃束裝出門。代父戍邊。一十二年。人不知為女子也。有功。封孝烈將軍。

鐵甲換羅裙　從征早立勲
名垂隋史上　孝烈記將軍

14.《代父从征》
隋代，花木兰

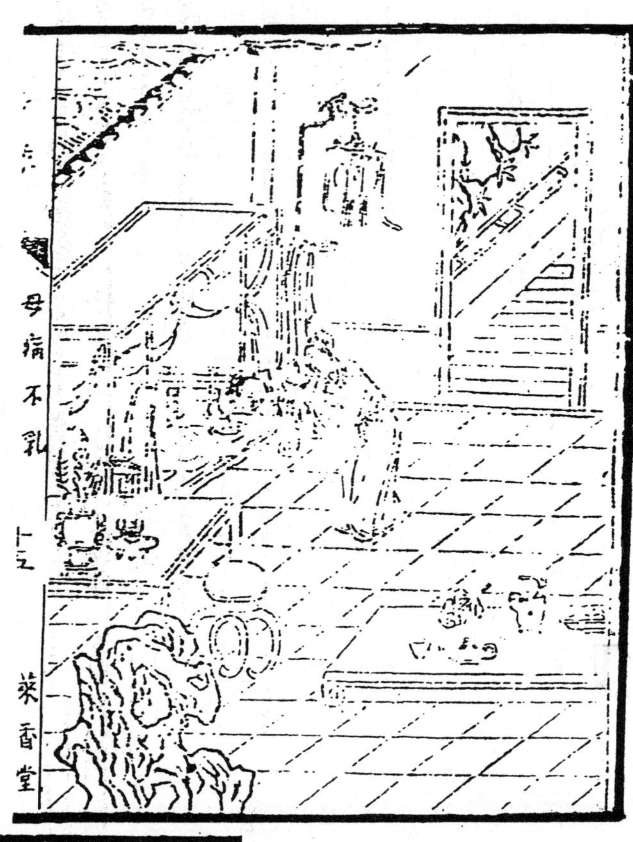

唐天寶時。滄洲許法稹。生未及歲。母病不肯飲乳。慘然若有憂色。人咸奇之。會甘露降。旌其門。時呼為半齡孝子。

至性從天賦　人生孝早知

萱帷方寢疾　兒不敢啼飢

募鐫本

15.《母病不乳》
唐代，许法稹
"半龄孝子"

唐王少元父廷宰。隋末死於亂兵。遺腹生元甫十歲。問父所在。母告以故。大慟。遂向有司求屍。時野中白骨覆壓。或曰。以子血漬而滲者。父骴也。元鑱膚滴血。閱數旬竟獲。為衣衾棺槨葬之。

白骨慘成堆　風生戰野哀
親骸何處覓　漬血遍莓苔

16.《滴血认骸》
唐代，王少元

宋包拯年少登第。朝廷授以外官。辭曰臣雙親在堂。願侍養而不仕。上以為無吏才也。許歸里。十年後。親歿。始仕。決獄如神。仁宗朝。累官至樞密使。卒贈禮部尚書。謚孝肅。

年少說龍圖　辭官登籍初

錦衣歸故里　侍養十年餘

17.《登第不仕》

宋代，包拯

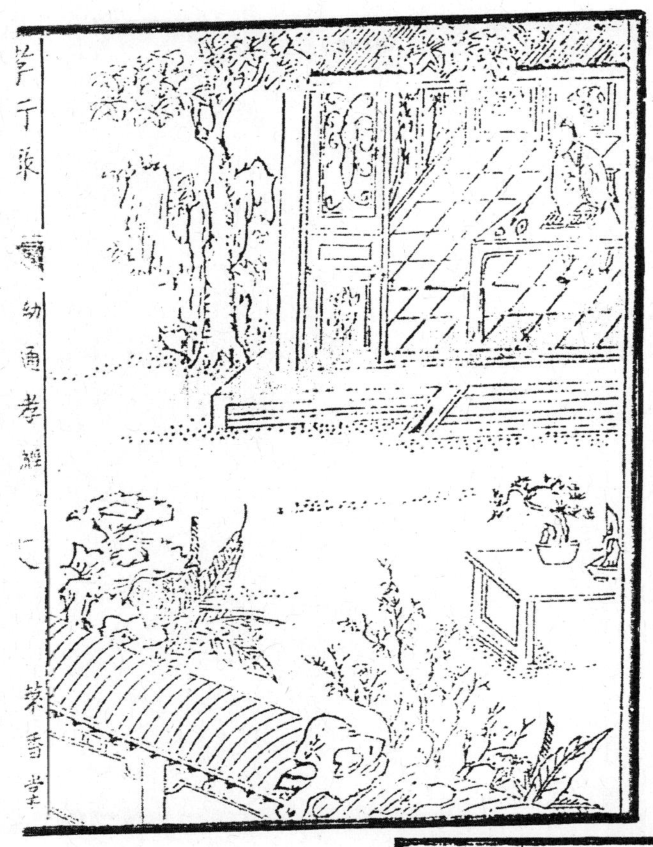

18.《幼通孝经》
宋代，朱熹，八岁

宋朱文公熹字晦菴。八歲讀孝經。即知大義。戲爲註解。書八字於其後云。若不如此。便不成人。

自幼明倫理　千秋說晦菴

試看標八字　那箇可無慙

宋王溥年三十二拜相。父祚累遷防禦使。朝臣趨走。苦於應酬。溥乃朝服侍側。客不安求去。由是車馬漸少。父遂得逸。

趨勢多門客　高堂晏息難

傍無朝服者　白髮被摧殘

19.《朝服侍立》

宋代，王溥

孝行錄

宋崔人勇。陝西人。戍廣西。聞母病危。大哭失聲。思歸甚急。入一古廟。求筊。遇丐食道人。勇問之。道人曰。借汝神馬。三日可到。遂叱木成馬。勇乘之。覺行甚速。果三日到。母聞子歸。病亦頓愈。

母病思歸急　長途千里暌

疾行乘木馬　南渡事同奇

20.《叱木成马》
宋代，崔人勇

宋都昌孀婦吳氏。無子。事姑孝。冬夜恐姑寒。必溫衾。或不得火。輒以身溫之。姑老且盲。念吳孤單。欲招一義兒。婦勸止。緝麻飼蠶。獲錢悉奉姑。嘗炊飯。鄰婦呼之出。姑恐過熟。取置盆中。而誤傾穢桶。吳見之。亟往鄰家借飯饋姑。姑亦不知。自拈所污者。汲水滌蕩蒸食。又念姑老。設不諱。無由得棺。盡典所有。托鄰人置備後事。一夕忽夢白衣婦人云。汝村婦耳。事姑勤苦如此。天與汝一錢。蚤起。床頭果得錢。越宿得千錢。用盡復有。蓋子母錢也。後婦無疾而終。異香經旬。錢忽失所在。

事姑孀婦苦　紡績養終年
嘗飯都忘穢　天憐賜異錢

慕鐫本

21.《天赐奇钱》

宋代，都昌吴氏

宋徐積、事親甚敬。嘗客外。父書至。必跪讀。人笑之。曰。吾學顏愷耳。君命至且跪。奈何父不如君耶。及父歿。以父諱石。終身不用石字。遇石路。亦避而不踐云。

遇石如親在　悽然悲感增
莫将愚孝看　終古幾人能

22.《践地避石》
宋代，徐积

元麗水祝公榮字大昌。隱居養親。及母故。柩在堂。鄰家失火。榮力不能救。大慟。伏柩呼曰。老母奈何。願與俱焚。忽大雨如注。火滅。至元十五年八月二十一日事也。

烈火鄰家逼　移棺勢大難

伏號身願并　一雨賜平安

募鐫本

23.《伏柩灭火》

元代，祝公荣

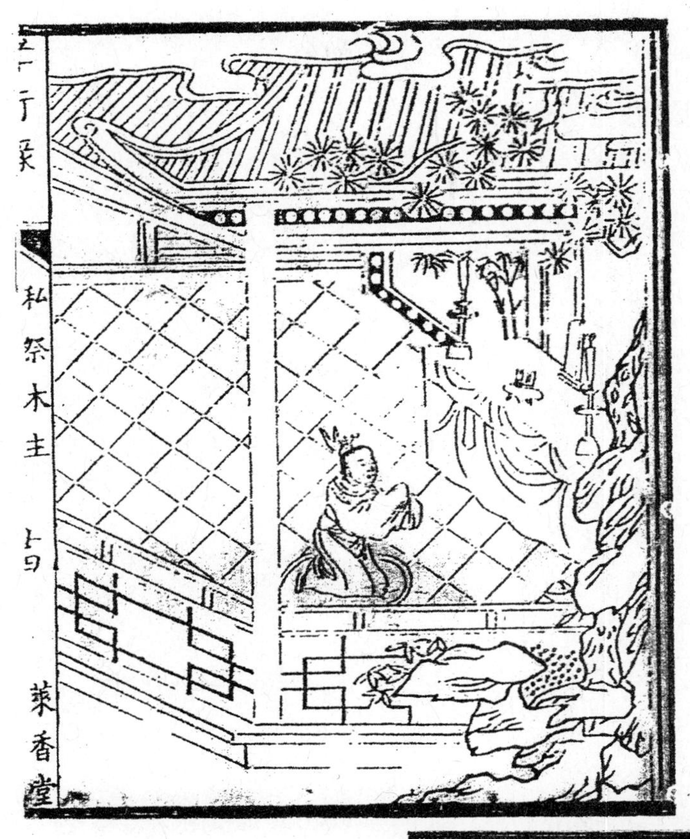

孝行録　吉　摹鐫本

明楊士奇微時父亡。母改適。士奇隨往。每祭先。不令士奇拜。奇怪而問母。母告以故。奇方六歲悽悽不已。乃私置木主。祀於卧室。早晚焚香拜跪。遇時物必薦。後官至少師。拜華蓋殿大學士。謚曰文貞。

早晚暗焚香　斯人本不忘
異時迎木主　大祫共烝嘗

二十四孝别録終

24.《私祭木主》
明代，杨士奇

第九章

清代木版画张孝行图

一、苏州年画《清明佳节·二十四孝图》

在艺术中，写实性的图画依靠形象的塑造，表现其情节故事，能够不用语言和文字的说明，达到传播思想的目的，可说是一种大众化的形式，为广大百姓所接受。所谓“成教化，助人伦”，古人将其纳入儿童的蒙学读物，进行伦理道德教育，灌输“孝道”思想，在封建社会时期，是很用心计的。对于“二十四孝”的宣扬，能够做到看了图画便会知道内容，是因为二十四个人物及其事迹，主要是图解式的行为，可以启人效仿。按理说，这种做法如果是表现于单独的“画张”，着色敷彩，张贴于墙，可能更有吸引力。特别是自明清以来，木版年画得到很大的发展和普及。但是历史证明,“二十四孝”的题材在年画中比重很少，数量并不大。

在画幅的间隙与边框中刻印发行者与画题

我国的年画，除了在门上贴门神之外，贴于室内者多是吉祥喜庆的内容。最初称作画张、画片、花纸、画儿，“年画”的名称出现较晚。清代李光庭《乡言解颐》卷四中概括有“新年十事”。其中第五为“年画”，说:“扫舍之后，便贴年画，稚子之戏耳。然如《孝顺图》《庄家忙》，令小儿看之，为之解说，未尝非养正之一端也。依旧胡卢样，春从画里归。手无寒具碍，心与卧游违。赚得儿童喜，能生蓬荜辉。耕桑图最好，彷佛一家肥。”这个解释符合实际情况，比较准确，已带有定义性质，从此有了“年画”的定名。在这里，他把“年画”与“门神”分开，是有一定道理的。据考《乡言解颐》写于清道光二十九年（1849），距今一个多世纪，相比之下，我们现代反而概念不清，缺乏艺术分类学的思考。症结之所在，是将年画与木版画混为一谈，将两个不同的概念等同起来，好像只要在年节中所有的木版画都叫“年画”。从历史上看，年画的初创期是在宋代，它是与城市经济的繁荣和雕版印

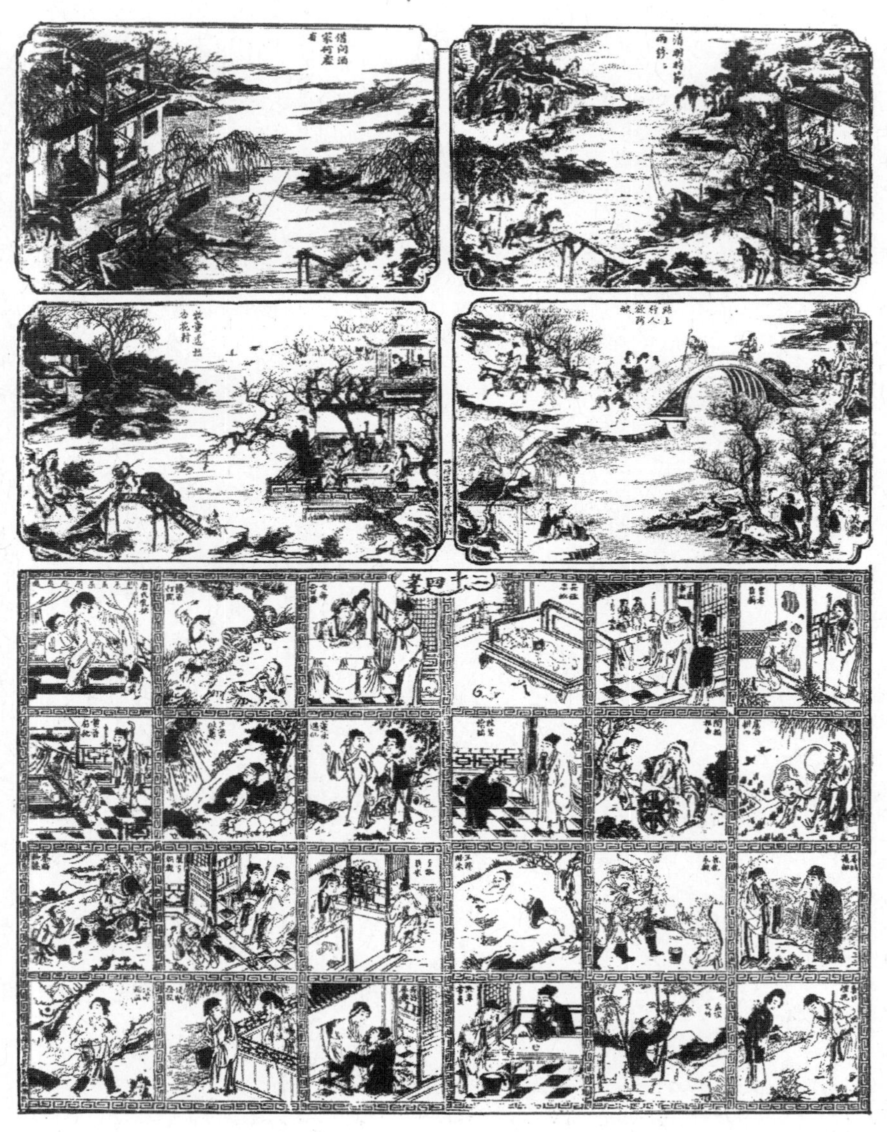

《清明佳节·二十四孝图》
清康熙年间（1662—1722）
姑苏吕云台子君翰刻印，日本王舍城美术馆藏

刷的兴盛分不开的。就目前所见之资料看，在甘肃黑水城发现的《义勇武安王位》（关公图）和《随朝窈窕呈倾国之芳容》（四美图），系宋金时期的作品，有“平阳姬家雕印”字样。但真正普遍发展是在明末清初。与孝道有关的为清康熙年间（1662—1722）刻印的《清明佳节·二十四孝图》，有“姑苏吕云台子君翰发行”字样。姑苏即苏州。当时上海还没有开埠，苏州在经济、文化等方面都很繁荣，也是雕版印刷的一大中心。文人画家汇聚，徽派的刻版高手亦多集中于此。曾刻印不少著名的画谱；从早期的苏州年画看，他们是参与其事的。

现在国内所能见到的苏州年画，一般统称“桃花坞年画”，基本上都是清光绪年间（1875—1908）的作品。桃花坞是一个地名，苏州的一条大街。最早为明代画家唐伯虎所开辟，他在《桃花庵歌》中唱道：“桃花坞里桃花庵，桃花庵里桃花仙。桃花仙人种桃树，又折花枝当酒钱……”但早期的苏州年画主要作坊并不在桃花坞，多是集中在苏州市区通往虎丘的一条繁华的大街上，俗称“十里山塘”，据说在雍正、康熙、乾隆年间，年画作坊有五十多家。有不少印品销往日本及英、法诸国。日本现存的康熙、乾隆年间的苏州年画，多达百幅以上，均出自山塘。太平天国与清兵的一场战争，将十里山塘烧了七天七夜，年画的印版也焚烧殆尽，才将残存者迁到了桃花坞。光绪年间桃花坞的年画作坊也有十多家。上世纪的五十年代，在桃花坞大街上，只剩一家兼卖纸张的“王荣兴”，现在一家也没有了。据说还有几位刻印艺人，供职于一所高等学校，进行研究性的制作。

1.《曾参负薪》

康熙版的《清明佳节·二十四孝图》，如果从艺术的角度进行审视，画工、刻工均属上乘，是木版年画中之佼佼者。其构思也是动了脑筋的，为了避免二十四孝的繁杂枯燥，为其提供了一个优雅的环境——在清明时节缅怀先人、孝敬老人。并且选了唐代诗人杜牧的《清明》诗："清明时节雨纷纷，路上行人欲断魂；借问酒家何处有，牧童遥指杏花村。"七言四句，画成四幅画，以写景为主，春雨绵绵，非常幽美。下面排列二十四孝图，横六竖四，并以"回"纹相隔，象征着如流水不断。

然而，事与愿违。想得太周到了，却忘记了须突出的对象。按照一般构图的原理，一幅画只能突出一两个重点。但是这幅《清明佳节·二十四孝图》却由二十八个小图组成，重点在哪里呢？它的幅面宽度为56.3厘米，整个高度74.5厘米，在年画中已经算是大幅的了；一个孝子故事的幅面横竖都不超过10厘米。它不像在书本上，可以伏案查格子，这是贴在墙上，谁都会看花眼的。因为格子越多越密，在视觉上会产生"统觉"效应。设计花布、墙纸是需要统觉的，但绘画却要忌讳。因为格子一突出，格子之内的物象就看不清了。

但是，我们仔细看那一幅幅孝子故事时，画得还是很好的。

2.《虞舜耕田》

3.《姜诗获鲤》

4.《郭巨埋儿》

5.《丁兰事亲》

6.《闵损推车》

7.《鹿乳奉亲》

8.《孟宗哭竹》

9.《吴猛恣蚊》

10.《陆绩怀橘》

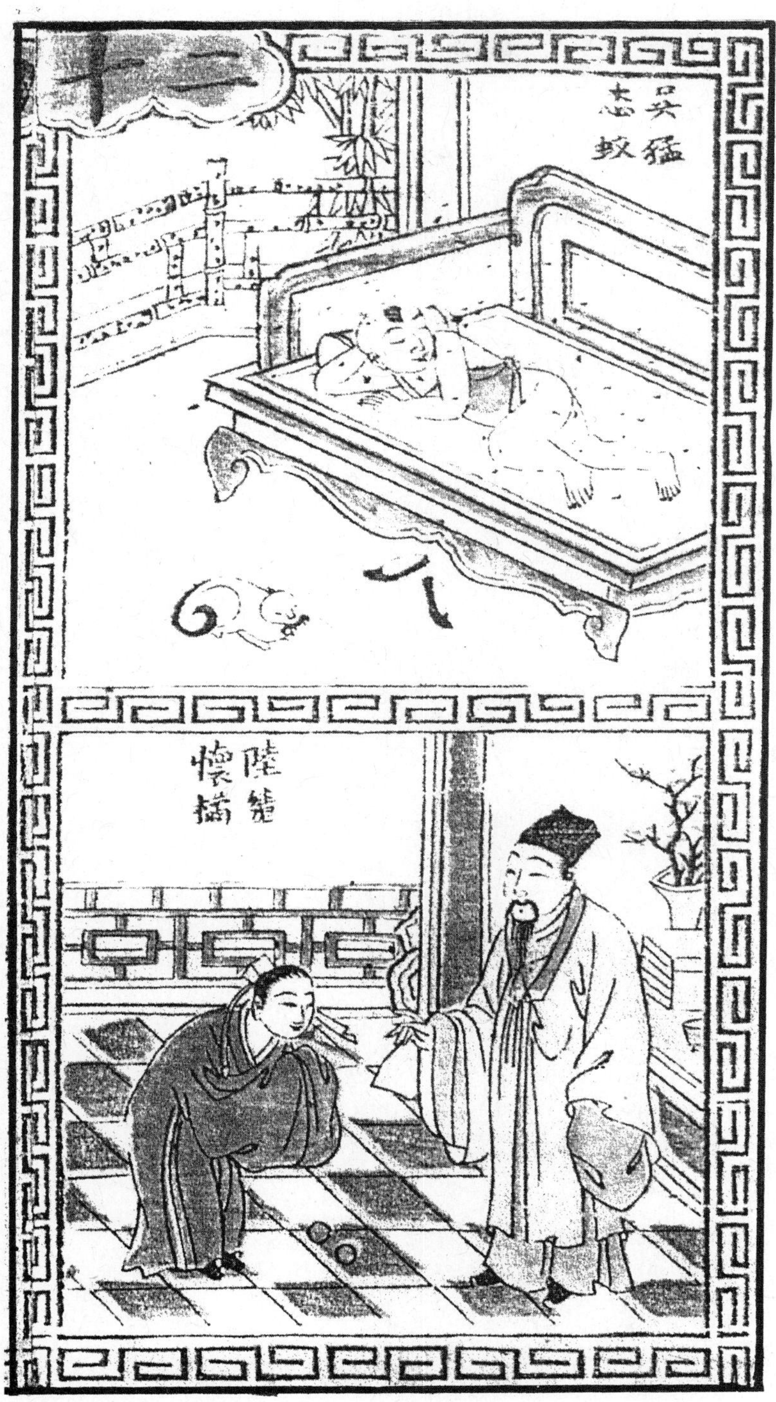

11.《王祥卧冰》

12.《黔娄尝粪》

13.《文帝尝药》

14.《董永遇仙》

15.《子路负米》

16.《寿昌寻母》

17.《杨香打虎》

18.《王裒泣墓》

19.《莱子娱亲》

20.《廷坚涤器》

21.《唐氏乳姑》

22.《黄香扇枕》

23.《蔡顺拾椹》

24.《江革逃难》

二、苏州年画《孝义一门旌》

这是一幅苏州早期的屏条式年画，高64厘米，宽29.6厘米，与《清明佳节·二十四孝图》同为清代康熙年间出品，当在“桃花坞”之前的山塘，其屏条不知是单张的还是整套之一。从画面看，作为表现“二十四孝”题材，在构图上已改变了将二十多个故事作棋盘式排列的单调，如果是独幅，只选了六个孝行故事；整套的则是其中的一部分。有趣的是，每个故事都打破了方格的外框，嵌在一种物象的外廓之中。这些外廓之形有梅花、香炉、书本、琵琶、楸叶、扇面等。吉物杂陈，包含着不同的内容，集孝义于一门，犹如旌旗飘扬。在最后一个展开的折扇扇坠上，可能是画者或刻者的署名，可惜太模糊，看不清了。

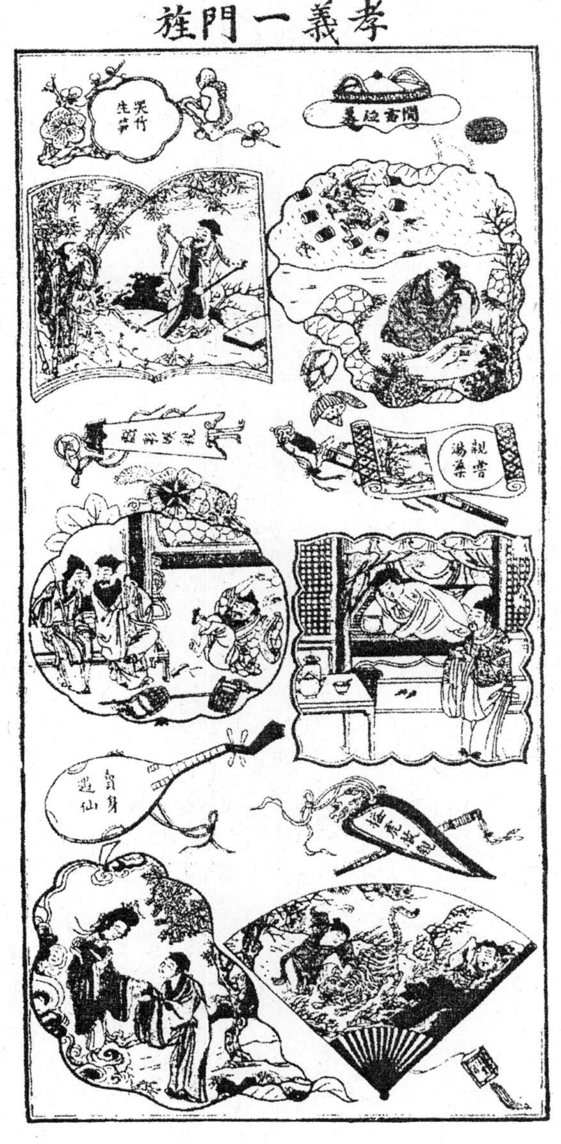

孝义一门旌
（孝行故事六则）
清康熙年间苏州年画

三、凤翔年画《春夏秋冬·二十四孝》

在清代，“二十四孝”图已不拘泥于实际的数字，成为“尽孝”、“孝行”的代称，不足二十四的也称“二十四孝”。陕西凤翔的一幅年画，大字标着“春夏秋冬——二十四孝”，画面分作八个小图，上列四个为四季花卉，下列四个为孝行故事。孝行故事也没有榜题，主要是虞舜象耕鸟耘、郭巨埋儿挖出了黄金之类，但统称“二十四孝”。实际上是一幅于新年张贴的喜庆装饰画，特意点出“孝”字，表示对老人的孝敬。

春夏秋冬·二十四孝
清代陕西凤翔年画
（下图为“郭巨埋儿”的特写）

四、潮州《二十四孝图》

广东潮州的“二十四孝图”，并不限于二十四个孝行故事，也不一定在过年时张贴。所谓“二十四孝”，实际上只有八个人。每人一格，不标任何文字，没有背景，道具不多，只凭服饰和简单的状态，分辨出是哪个孝子。据说是过去教育儿童认识“二十四孝”的一种方式。现在看来，像子路背米、曾参担柴，因有“米”和“柴”的诱导，容易判断，其他人物认起来要困难得多。

二十四孝图

（八个孝子）

清代广东潮州木版画

五、平度屏条画《二十四孝图》

以画张形式出现的“二十四孝图”，由棋盘式的排列最后选取了屏条式。可在一幅竖长的屏条上刻印三个或四个孝行故事，便形成了六扇屏或八扇屏。由于全套的“二十四孝”屏条画覆盖面太大，在过去，一般家庭中可悬挂两幅或四幅，但在家庭的祠堂或私塾、学堂的教室中，则挂满一个墙面，很有气势。这种屏条，不少地方都有刻印，套色不多，有的是半印半画。我们只选了几种样式加以说明。

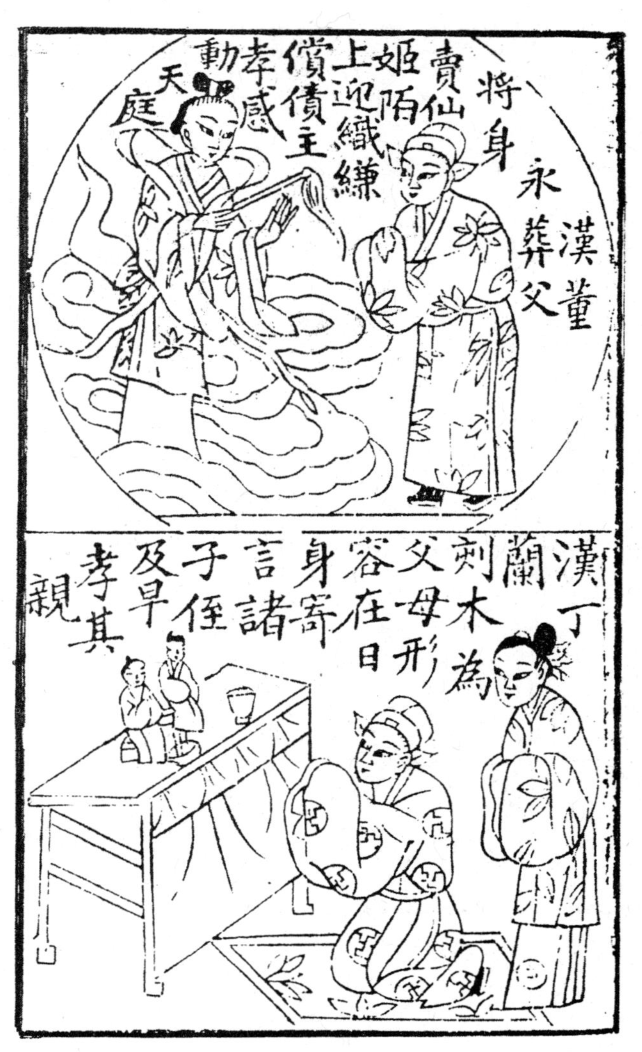

二十四孝图
（屏条画局部）
山东平度木版年画

董永“卖身葬父”（上）
丁兰“刻木事亲”（下）

二十四孝图
（屏条画局部）
山东平度木版年画

朱寿昌“弃官寻母”（上）
仲由“负米供亲”（下）

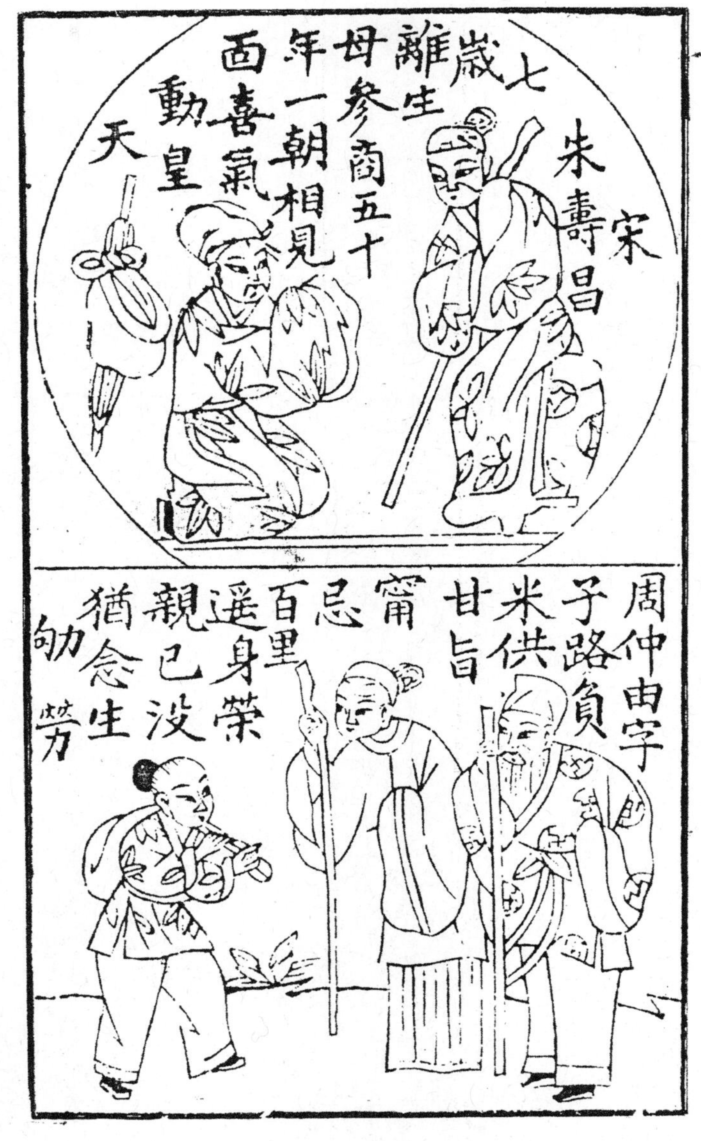

以上是山东平度的两幅木版年画孝行图，分别表现两个故事，文字和图画参差交错在一起，对于内容的抒发可起到互补的作用。每个故事的画面虽然控制在方格之内，但在上边的方格内左右各加了弧线，看起来成了圆形。这种处理方式在技术上并不复杂，但在形式感上，其效果是明显的。

六、潍坊屏条画《二十四孝图》

山东潍坊杨家埠是我国年画生产的中心之一，但在近期的出品中不见有“二十四孝屏条”这种形式。天津的杨柳青也是如此，可能与内容、时尚的流行有关。但从收集到的清末“孤品”看，当时是很重要的一个品种。潍坊的屏条画多是“半印半画”，即在墨线版的基础上涂墨加彩，追求手绘画的效果。兹选一个局部故事，以见一般。

二十四孝图

（屏条画局部：仲由负米供亲）

山东潍坊清代木版年画

七、潍坊《礼义·忠信·孝弟·廉耻》屏条

过去的屏条画并不限于“二十四孝”，在题材内容上范围很广，并且以四季花卉、四时景致、神话传说、爱情故事等最有特色。也有以道德说教为目的的。如潍坊的四条屏《礼义·忠信·孝弟·廉耻》，便是为了“成教化，助人伦”，特别是对于少年儿童的教育。此屏条刻于清光绪十一年（1885）。幅高105厘米，宽26厘米，每条标有两个字，并画以相关的具有代表性的人物故事，构成了两幅画，各有题记。这八个字和八个画面的题记为：

“礼”字，题记曰：“文公定礼，天地言亲。论长幼卑尊，婚姻嫁娶，君敬臣忠，父慈子孝，兄友弟恭，夫妇顺从，朋友有信。男女老少，各正名分。”

“义”字，题记曰：“殷末，孤竹君生二子，长伯夷，次叔齐。父卒，兄弟逊国隐首阳山。后武王伐纣，兄弟扣马而谏，口出不逊之言。王欲杀之。尚父曰：‘不可，此义士也。’”

“忠”字，题记曰：“春秋时，令尹子文三仕为令尹，无喜色；三已之，无愠色。旧令尹之政必以告新令尹。故孔子曰：‘可谓忠矣。’”

“信”字，题记曰：“春秋时齐大夫晏婴，字平仲。与人相交无伪心，善恶总不犯疑。日久改恶为善焉。故孔子曰：‘晏平仲善与人交，久而敬之。’”

“孝”字，题记曰：“曾参，字子舆，孔子弟子。性至孝，每日奉亲有酒肉，将撤必请，所与至晚。父母麻寝，每夜问安四次；将明自己方睡，终不解志。可谓孝之首也。”画面题词为：“出交天下士，入读古人书”。

“弟”字，题记曰：“东汉孔融，方四岁，善尽弟道，父母甚爱之。一日，父将梨数个撒在地下，使融分梨与众兄；融自食小者，与兄大者。父问曰：‘汝何食小不吃大？’对曰：‘兄长食大，余幼食小。’”

“廉”字，题曰：“齐国有一室家陈仲子，时人皆为廉士。兄禄不食，兄室弗居。甘居于陵，耳目俱失；井上有李，螬食过半，匍匐往将食之，耳闻目见。故时人皆谓廉，孟子独不与专。”

“耻”字，题记曰：“原思，孔子弟子。为宰，官与之粟九百辞而不受，自觉学疏才短，不能担此大任。故辞后又问耻。子曰：‘邦有道，穀；邦无道，穀，耻也。’”

以上四条屏，用艺术的形式表现了八个字，例举了八个人的事迹，实际上是对封建社会的八种道德的宣扬，说明这些道德已渗入于民间。就其图画而言，兹选四条屏中的后两条，即《孝弟》和《廉耻》。

曾参与孔融，在中国历史上都很有名；一个以孝著称，一个以年幼“让梨”闻名。

曾参即曾子，所谓“孝之首”者，不仅因为是个著名的孝子，也是春秋以来儒家的学者。他提出“慎终追远，民德归厚”的主张，即慎重地办理父母的丧事，虔诚地追念祖先。在《孝经》和《论语》中，有他不少关于孝道的言论。

“弟”与“悌”通，即敬爱兄长，所谓“友兄悌弟”。汉末孔融兄弟七人，他排行第六；“让梨”的观念可能以大小作比，和家庭影响有关。孔融后来成为著名的文学家，“建安七子”之一。

孝弟

（四条屏画之一）

山东潍坊清代木版年画

“廉”意为清白高洁，俭约正直，古代称有气节、不苟取的人为“廉士”。战国时齐人陈仲子，时人称为廉士。其兄食禄万钟，他以为不义。不食兄禄，躲到楚国的于陵隐居。楚王请他出来做官，他不肯，与妻逃走，在人家的园圃里打工。三天吃不上饭，饿得“耳无闻，目无见”。井边上有一棵李树，掉下来的李子，被虫子咬去了一大半，他爬过去捡来吃了，才感到好一些。对于陈仲子，齐国人都认为是个廉洁之士，唯独孟子不以为然。《孟子·滕文公下》认为陈仲子脱离了社会和家庭，所吃之苦，不能显示清廉。

《论语·宪问》:“宪问耻。子曰:‘邦有道，穀；邦无道，穀，耻也。’”穀是粮食，这里指做官的俸禄。原宪问什么是可耻？孔子说：国家有道，你可以做官拿俸禄；国家无道，你还做官拿俸禄，这就是可耻。

廉耻

（四条屏画之一）

山东潍坊清代木版年画

八、潍坊“二十四孝人物”对联

中国的汉字，除了承载着文字的主要功能之外，其本身又是一种艺术。有写的，正草隶篆；有刻的，碑石版刻；也有画的，在字架与笔画中组合了花鸟人物。从古代的鸟篆虫书到近现代民间的板书和花鸟字，形成了一条文化的历史长河。这种艺术化了的文字，各地都有，或组合成匾额，或搭配成对联，至于单字的如“福”、“寿”、“喜”、“春”等更多。一般的设计，多是组合花鸟，故通称“花鸟字”。有的在字中组合进寿星、八仙甚至水浒中的英雄。潍坊“二十四孝人物”对联，为清代作品，是将“父子协力山成玉，兄弟同心土变金”文字，以楷书双钩，在笔画中嵌以二十四孝的人物，并且能看出故事的情节。对联幅高110厘米，宽25厘米。可惜画面陈旧模糊，缩小后看不清了。

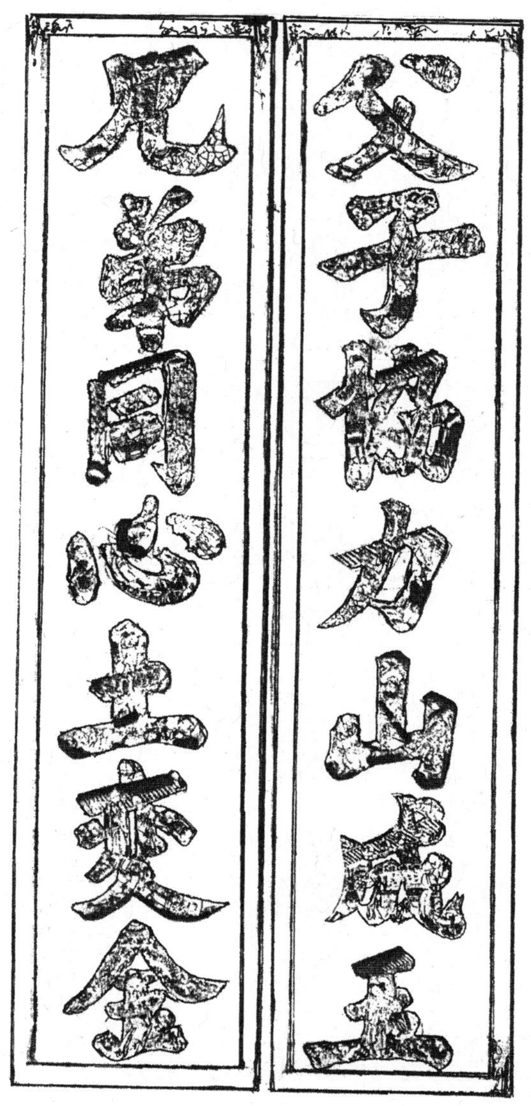

父子协力山成玉　兄弟同心土变金

（二十四孝人物对联）

山东潍坊清代木版年画

九、堂邑和武强的家堂画

中国古人的家族观念很重，不仅名门望族如此，平常百姓也将敬祖与礼神并列。一方面是受到儒家“慎终追远，民德归厚”的影响；更重要的是与社会的组织形态有关。在以农业为主的时代，农历的新年元旦（现在改称春节），是一年四季中最大、最隆重的节日。人们劳累一年之后，正值农闲，所谓“一年之计在于春”，不但要筹划一年的生计，并且尽情地欢庆，迎接“一元复始”、“大地回春”。不止生者如此，也要把死去的祖先请回来，将天上的神仙请下来，共同欢度节日。

三代宗亲
（家堂画）
山东堂邑民间木版画

这是一种礼仪活动，又有一套世俗的形式，必须在年三十（除夕）之日完成。请神的叫做“天地三界十方万灵真宰”，或者称“天地全神”；请祖先的叫做“三代宗亲”，俗称“家堂”，实际都是神像的形式，民间的木版画中都有这些内容。

通常的“家堂”画有两种。一种是有家谱的人家，请人画有专门的卷轴，上面分出许多小格，按照辈分填上逝去的先人名字。这是永久性的家堂，俗称“老的轴子”（祖先卷轴），一般在春节和七月十五（鬼节）挂两次，焚香拜祭之后再收起来。但很多人家没有这种祖先卷轴，便临时买一张家堂画，上面只写“三代宗亲”，不填祖先人名。一般用于除夕请神、初一敬神（拜祭）、初三（或初五）送神。“送神”是将神像和临时的家堂画焚化。

德宅芳春·三代宗亲

（家堂画，附二十四孝图）

河北武强清代民间木版画

二十四孝图
（《德宅芳春·三代宗亲》家堂画所附）
河北武强清代民间木版画

过去各地的木版画中，所印的家堂画样式很多。如山东堂邑的一种，画一建筑式样，上悬“辟本堂”匾额，中置“三代宗亲”牌位，牌位两边画一对老年夫妇代表祖先；旁有孝女侍奉。画面下部为儿童舞龙，并以“文王百子”寄寓家族繁盛。

河北武强的家堂画比较特别，除了画“三代宗亲”并标以“德宅芳春”之外，在两旁和下边画了二十四孝图（十二个孝行故事）。这是当地农民所刻印的版画，从若干孝行图的标题和画面处理可以看出，虽然同是“二十四孝图”，农民的务实精神和淳厚态度寓于其中，已有很大变化。譬如，《王祥卧冰》，他们不忍心让孩子赤身躺在冰面上，改称“王祥冰鱼”，让穿衣站立的王祥抱着一条大鲤鱼。将《恣蚊饱血》改作“吴猛打蚊”，不让八岁的孩子躺在床上喂蚊子，而是让他拿一把扇子扇蚊子。最有意味的是《大舜耕田》，本来就是神话性的传说，对于农民的本业来说，怎么会有“象耕鸟耘”呢？他们画了虞舜牵着一头黄牛下田。难怪当十五月圆时，文人说像是白玉盘，乡下老太太却说像一张白面大饼。因为他们的经济基础和社会地位不同，感受也不一样。

大舜耕田
（家堂画附二十四孝图之一）
河北武强清代民间木版画

这幅《大舜耕田》是值得注意的。且不说传说中的虞舜能不能用黄牛耕田，神话色彩会不会退色，将其放在“二十四孝”中，明显是对“孝感动天”的怀疑和否定。农民本身就是耕田的，他们从未用象耕田，更不相信“老天”会干这些事。他们尽孝，是出于人伦所感，并非由于“孝感”的宣扬。

十、绵竹墨拓挂屏二十四孝图

本书选图从拓印画开始，汉代画像石刻画了不少孝行故事，借其拓片可以看得很清楚。以后又有砖雕，也是靠了拓印（拓片）；待到木版印刷兴起，关于孝道的书籍和画片也多起来了，我们又跟着翻阅木版画。在古代的壁画和卷轴画中虽然也有一些孝行图，但没有拓印画和木版画清楚。浏览了上千年的孝行图之后，现在我们又从木版画回到了拓印画。下面将要介绍的是四川绵竹的“二十四孝图”条屏。但它是用木版拓印的，当地人称作“墨拓年画”。

我们所称的拓印画，一般都叫作“拓片”，专门从事这一工作的艺人称为“传拓”。从历史发展的渊源看，它的出现可能早于木版印刷，但一直没有当作独立的艺术。一千多年来，主要为书法界拓印碑帖和为考古界拓印文物，是一种图文的复制技术。原因也很明显，是由于被拓印的对象是独立的，并非是为了拓印而制作，换句话说，拓印没有“专用版”。从没有考虑拓片与被拓物在艺术上的载体转换所产生的不同效果。现在有了绵竹的“墨拓画”，印版是专用的，并不独立欣赏。拓印的技法未变，操作如一，依然是那张“拓片”，其性质却起了变化，成了名副其实的“拓印版画”。

绵竹是我国西南地区的民间木版年画中心。这里的手工造纸也很发达。有纸有画，用纸印画，成为传统。绵竹年画在宋代已见纪录，明代已有相当成就，至清代乾隆、嘉庆年间发展到高峰。年画作坊分布于县城和许多乡镇，据说从业人员数以万计，出品达数千万张，销售除本地外，以附近的成都为主要市场，不但供应周围的省区，并且远销至国外。

绵竹年画分为两大类：一类是木版刷印的彩色画，另一类是木版拓印的拓片，有“墨拓”和“朱拓”两种。在全国的年画行业中，唯绵竹的“墨拓”是最独特的。清代著名的年画作坊梁云鹤画店，以拓片雕工精细闻名。其形式有横推、条屏、中堂、单条，统称“画条”。“横推”多表现场面大、人物多的画面；“条屏”有四条屏、六条屏、八条屏等，作品有“百寿图”、“二十四孝图”等；“中堂”和“单条”则多是吉祥内容，如《全家福禄》《紫微高照》《蟾宫折桂》《聚宝藏珠》《碧梧栖老凤》等，所见者有十多种。据说现在还保存着一些乾隆和光绪年间的老版子，都是用梨木刻版，进行拓印。

《二十四孝图》墨拓画，刻于清代光绪年间。屏条共八条，幅高120厘米。每条分别表现三个孝道人物，共二十四人的故事，亦即二十四个画面。该图画工、刻工均属上乘，有些画面突破了图解式的老套，在人物配置上和章法处理上颇有新意。

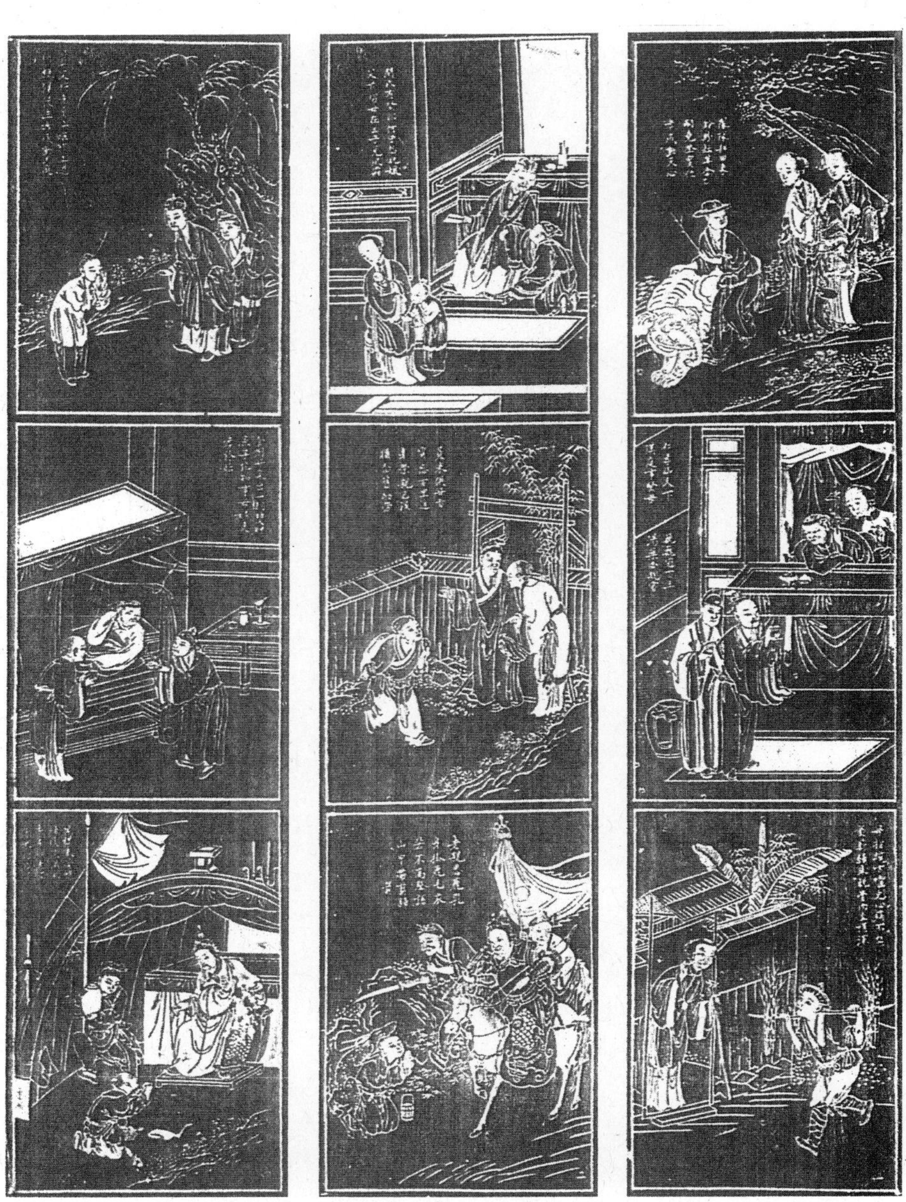

二十四孝图

（墨拓八条屏之三条）

四川绵竹清代墨拓木版画

从条屏的整体只能看出大概效果，全挂起来可补一个壁面，书本上难以了解具体细部。以下分别展示二十四幅画的内容：

1.《孝感动天》

虞舜耕田，有“象耕鸟耘”之助。唐尧欲禅位于虞舜，“乃以二女（娥皇、女英）妻舜，以观其内；使九男与处，以观其外。”这里画了娥皇和女英，帮助虞舜处理生活和家庭事务，为他出了不少主意。

2.《亲尝汤药》

天子的一举一动，都不会是只身而行。汉文帝刘恒为母亲尝汤药，必然有熬药、送药者；皇母的周围也有侍女陪侍。此画加了两个人，看来并不是多余的。

3.《啮指心痛》

曾参在山中打柴，母亲在家咬自己的手指，他就感到心痛，这种心理“感应”是否有科学根据，值得研究。汉朝的王充早就提出怀疑，认为“孝悌之至，通于神明，乃谓德化至天地。俗人缘此而说，言孝悌之至，情气相动”。(《论衡·感虚》)

4.《单衣顺母》

闵子骞受到后母虐待，冬天衣单，赶车时手足冻僵，拿不起马鞭，但是两个异母弟弟穿得很暖和。被父亲发现后，要休去后母。此图没有画赶车的场面，而是父子相谈。闵子骞请求父亲不要休母：“母在一子寒，母去三子单。”

5.《负米养亲》

仲由，字子路。《孔子家语》说：“有勇力才艺，以政事著名。为人果烈而刚直，性鄙而不达于变通。”年轻时因家贫，尝于百里之外背米养亲，以解藜藿之苦。双亲殁后外出做官，生活优越，乃叹曰：“虽欲食藜藿之食、为亲负米，不可得也。”

6.《鹿乳奉亲》

郯子父母俱老，患眼疾，须食鹿乳。郯子入深山，身披鹿皮化装成鹿，混于鹿群中取奶。在取鹿奶时遇到了猎人，郯子高声解释，才免于被射。此图有误，将猎人画成了骑马扬幡的武士。

7.《卖身葬父》

董永家贫，父死卖身贷钱而葬；包括对父亲生前的赡养，是他的主要孝行。后来所编造的织女下凡神话，是在偿工的路上所遇，与孝行糅合在了一起。此图所画，不是与织女相会，而是在向财主借贷。

8.《涌泉跃鲤》

姜诗与妻庞氏，夫妇事母至孝。母亲嗜好食鱼片、饮江水；他们夫妇两人一个到江边汲水，一个到市场买鲤鱼，并切成鱼片，常年如此，从不中断。故事说“孝感”所至，在他的房侧涌出了泉水似江水，并有活鲤鱼跃出。此图不画“涌泉跃鲤”，而是夫妇在母前侍奉。

9.《拾桑供母》

年幼的蔡顺，在荒年拾桑椹充饥，将熟透的黑椹子留给母亲，自己吃不熟的。正值遇到赤眉军，见有两个器具，将桑椹分开，了解后甚为感动和同情，赠与白米和牛蹄。此图为赠物的画面。

10.《怀橘遗亲》

六岁的陆绩到别人家里做客，人家拿橘子给他吃。他将两个橘子藏在袖中，告别作揖时掉了出来，说是母亲爱吃，“怀橘遗母”。一般的画面都是在母亲面前拿出橘子，此图却是在门外告别时，橘子掉在了台阶上。

11.《行佣供母》

江革，少失父，独与母居。遭乱，便背着母亲逃难。曾数遇盗贼，或欲杀害，或逼其入伙，都因有老母在而逃脱。后转客他乡，行佣供母。

12.《扇枕温衾》

黄香，九岁失母，尝思念痛哭，感动乡里。躬耕勤苦，事父尽孝。夏天暑热，为父扇凉其枕席；冬天寒冷，以身暖其被衾。

13.《戏綵娱亲》

据说老莱子是春秋时期楚国的一位学者，隐居不仕。其著作已佚失，因孝敬双亲，只落得一个老来装小的孝子名声。最初的故事是，在他七十岁的时候，因为给父母送水不小心在台阶上绊倒了，为了不让父母担心，假装小孩哭了几声；惹得父母大笑。后世文人夸张加工，将摔跤改作“诈”，竟然摇起拨浪鼓了。

14.《刻木事亲》

丁兰幼丧父母,未得奉养。便雕刻了父母的像,敬奉如生。据说木像有了灵感和表情,还能掉出眼泪。有一邻人不相信,酒后用刀斧劈了木像,木像竟流出了鲜血。由此引起命案,丁兰杀了邻人。经官方判决无罪,因为事关天地,是丁兰“孝感”所致。

15.《郭巨埋儿》

为了孝敬母亲，要埋掉自己的儿子。通常的描绘都是郭巨在前挖坑，他的妻子抱儿在旁，不知两人内心有何感想？这幅画有所不同，两人正看到坑中出现黄金；天上的云中也隐现出两个仙差，即是送黄金者。

16.《扼虎救父》

十四岁的杨香随父下田，突然出现一只猛虎，将他父亲拖了过去。聪明的杨香手无寸铁，毫无准备，为了救父，毅然跨到老虎的脖颈上，用力抓住额头不放，使老虎无法施展威力，无奈之下，只好趁机逃走了。

17.《哭竹生笋》

孟宗，少年丧父，母老疾笃，在严寒的冬天想吃鲜笋做的羹。一个孩子，出于孝心，想为母亲寻找新鲜竹笋，在竹林中失望痛哭，这是符合儿童心理的。但是“感应论”者编造了长出新笋的神话，故事虽然圆满了，却不真实了。

18.《尝粪忧心》

庾黔娄为县令，上任不到十天，即因父病弃官归家。医生说，欲知病情，尝粪苦则佳。黔娄尝之甜，甚忧。晚上祈祷北斗，愿“以身代父死”，保父病愈。虽然是在科学不发达的古代，也应知道生病是不能替代的。

19.《闻雷泣墓》

每当风雨来临，雷电交加，王裒都要赶紧跑到母亲的坟前，哭着告诉母亲，自己在身边，不要害怕，因为他母亲生前害怕听到雷声。王裒隐居，教授《诗经》，读到“蓼莪”篇之“哀哀父母，生我劬劳”时，为之流涕。

20.《恣蚊饱血》

八岁的吴猛，是个淳厚的孩子。夏天蚊虫多，家贫没有蚊帐。他竟想出了这样的主意：一个人躺在床上，任由蚊子吸他的血。待蚊子吸饱了血，飞不动了，就不会去咬他的父母了。

21.《卧冰求鲤》

王祥，其继母朱氏不慈，常在父前谮言，亦失爱于父。继母在冬天欲食生鱼，王祥“卧冰求鲤”。通常所画，多是王祥赤身躺在冰上，或冰裂出现鲤鱼；此图添画了在云层中送鱼的天神。

22.《乳姑不怠》

崔山南的曾祖母长孙夫人年老无齿，不能进食；祖母唐夫人便以自己的乳汁喂养婆母，每日如此，数年不断。婆母临终时，长幼咸集，宣言感恩，愿孙妇亦如此孝敬。唐夫人是“二十四孝”中唯一的女性。

23.《弃官寻母》

朱寿昌为妾所生，生母刘氏在他七岁时为嫡母所妒改嫁，远走他方，母子别离五十年未见。做官后思报劬劳之恩，痛念生母，于是弃官寻母，发誓“不见母不复还”。行经数地，得见时母亲已经七十多岁。

24.《涤亲溺器》

黄庭坚，字鲁直，号山谷道人；北宋诗人、书法家。治平四年进士，宋哲宗时修《神宗实录》，为校书郎检讨官，迁著作佐郎。性至孝，奉母尽诚，每夕为亲洗涤溺器，不以居显位而中断。

关于“墨拓”年画，绵竹是一个实例，也是唯一现存的。王树村《中国年画史》第八章第三节，在记述清代“嘉庆、道光时期年画”时讲了一些情况，兹录于后，以备参考：

> 年画中绘本之外，又有拓本年画一类。此类传拓之技艺，创始于汉唐诗文碑刻，宋代已很流行拓本。……后来民间出现了《朱拓寿星图》（明朝蒋三松作），是以木版雕刻，用朱墨拓印，为民间年画中最早之拓本。
>
> 山东潍县拓本年画中，以郑板桥之竹兰花卉为数最多。……潍县拓本年画分朱、墨两类，有四条屏、中堂画和横披几种形式常见于过去酒馆茶楼、寺庙斋堂或公共场所之壁上。
>
> ……
>
> 北京木雕石刻之拓本较多样，常见的有《二十四孝图》《花果图》《耕织图》等，都是以条屏形式，用墨或朱红拓印，装裱成轴画出售。这种以朱墨拓印的各种条屏或中堂形式的“年画”，高古淳厚，雅俗共赏，当与乾嘉考据学之盛行和刻拓金石古器成风有关。受其影响，天津杨柳青年画中刻绘了《博古花卉》屏数种，以墨地着金，五彩套印，古香古色，别有意趣，且远销陕西、甘肃、新疆等少数民族聚居的地区，很受当地各族人民欢迎。但终因墨地黑色，题材内容无新花样，行销渐少而停印。

树村先生见多识广，收集民间资料最丰。可惜书中所印图片太小，模糊不清。他在提及北京《二十四孝图》时说：“此图共八条，每条印三方孝行故事，三方文词诗赞。诗文均出自朝廷文官手笔，如陆润庠、翁同龢等。图画作者未详。”可见，与绵竹的八条屏相仿佛，只是每条并列六个方格，共有四十八个方格排列如棋盘，显得太平淡了。

第十章
近现代民间艺术中的孝行图

一、窗花剪纸中的孝行图

由于对父母尽孝是一种伦理道德行为，自雕版印刷书籍普及之后，孝行图多印在童蒙读物和劝善书中，单独的作品很少。在民间艺术中，剪纸的窗花，以及陕北碗柜"云子"之类，"二十四孝"多为常见题材，如"王祥卧冰"、"孟宗哭竹"、"郭巨埋儿"等，还有《后孝行录》中"登第不仕"的包公（包拯）。剪纸的作者以老年妇女居多，如山西新绛县的苏兰花，在剪这些花样时（1986），已是84岁的老人；王牛枝也已66岁了。

1.《孟宗哭竹生笋》
山西新绛
苏兰花剪纸

2.《姜诗妻侍奉婆母》
山西新绛
苏兰花剪纸

3.《唐氏乳姑不怠》
山西新绛
苏兰花剪纸

4.《江革行佣供母》
山西新绛
苏兰花剪纸

5.《包公登第不仕》
山西新绛
苏兰花剪纸

6.《包公为官时》
山西新绛
王牛枝剪纸

7.《郭巨埋儿》
甘肃兰州十里坪
贺凤英剪纸

8.《孟宗哭竹》
甘肃（一）
甘肃天水
民间窗花

9.《孟宗哭竹》
甘肃（二）
甘肃天水
民间窗花

10.《王祥卧冰》
甘肃（一）
甘肃民间窗花

11.《王祥卧冰》
甘肃（二）
甘肃民间窗花

12.《王祥卧冰》
甘肃（三）
甘肃民间窗花

13.《王祥暖冰》
陕西（一）
陕西延安
李竹英剪纸

14.《王祥暖冰》

陕西(二)

陕西富县民间碗柜云子

《王祥暖冰》即“王祥卧冰”。这种剪纸主要贴在碗柜门的上沿，如同门笺可以飘动，其“如意头”像云头，故称“云子”。既挡灰尘，又是装饰。但画面中的王祥已非少年，像是婴儿爬行，也无在冰上的感觉，已与“孝行”相距甚远了。

15.《王祥暖冰》
陕西(三)
陕西洛川民间碗柜云子

“云子”剪纸的装饰性很强，加之竖的长条形可以飘动，如同云朵，颇有诗意。在碗柜上，云子可以并列贴用，将相同的或两种不同的间隔排成一行，更为壮观。

16.《鹿乳供亲》
陕西延安
李竹英剪纸

17.《恣蚊饱血》
陕西民间窗花

18.《杨香扼虎救亲》
民间剪纸

19.《王祥卧冰求鲤》
民间剪纸

20.《王祥卧冰求鲤》
甘肃西峰民间窗花
刘桃儿剪（79岁）

在各地的民间剪纸中，有关孝行的题材虽然不多，更谈不到剪“二十四孝”的全套故事。不知为什么，所见零散的孝行图中，竟以“王祥卧冰”的内容居多，难道人们真正相信感应论的说教，不顾严冬的寒冷，格外喜欢那个赤身躺在冰上的痴情孩子吗？从画面的处理看，情况多已改变，坚冰隐去，变成了水草和花卉，是孩子的天真可爱和游鱼的活泼，那“卧冰”只是一个虚词了。

21.《啮指心痛》
陕西延川民间窗花
高凤莲剪

高凤莲是陕北民间著名的剪纸高手。她1935年生于延川农村，不识字，但从小学得一手剪纸技巧，善于奇思妙想，作品古拙有力，驾驭造型和构图的能力很强。对于所构思的物象，不打草稿，信手剪来，布局匀称而紧凑。在1986至1998年的十多年间，她剪了一千多幅剪纸作品，人民美术出版社为她出版了《高凤莲西部剪纸作品集》。在这个集子中，有16幅“二十四孝”中的孝行故事，可说是个人剪纸集中收录考行故事最多、最集中的了。

高凤莲剪的动物，虽然附饰太多，一般都较生动，但人物造型，可能想得太多了，反而冲淡了相互之间的情节。尤其是人物的头部，五官的附加装饰使表情受到影响。如剪侧面的脸，眼圈之外加了花朵，满脸的圆弧逼得将口部拉长，不知是人还是兽了。有人说这是“哲学的内涵”，“她以双牡丹花代替人格化神抓髻娃娃的双目。因为在中国民俗中双目是太阳，牡丹也是太阳的象征。”这是令人费解的，俗说牡丹的花大饱满，象征富贵，什么时候变成了太阳呢？把人的眼睛剪画成牡丹花，不知是高凤莲的想象，还是受到说者的影响。譬如剪纸《啮指心痛》，是表现曾参至孝，与母亲心感相通；母亲咬自己的手指，他会感到心痛。且不说这种心理“感应”的真实性，当年因家贫在山中打柴的曾参，即后来儒家学派的思想家曾子。春秋时期的曾子，本人就是个哲学家，如果他活在现在，看到这幅剪纸，画面上他和他的母亲是两个大花脸，表现的是“哲学的内涵”，不知作何感想？

又如剪纸《亲尝汤药》，表现的是西汉时期汉文帝刘恒孝顺母亲。封建社会的皇帝是仪表尊严、至高无上的，怎能赤脚，半裸着身子，长了一个大花脸呢？

22.《亲尝汤药》
陕西延川民间窗花
高凤莲剪

二、游艺与佩饰中的孝行图

1. 四川成都《二十四孝升官全图》

在过去，各地民间有一种博戏“升官图”。将大小官位画在纸上，从地方小官到内阁大臣，依次分格上升；然后双方掷骰子，视上面的点数和色彩以定升降。因为骰子上的点数有不同的色彩，故唐代又称“彩选格”。由此形成一种格式，宋代有“选官图”、“选仙图”；明代有“百官驿”，均属此类。本来，孝行与“彩选”游艺是没有直接关系

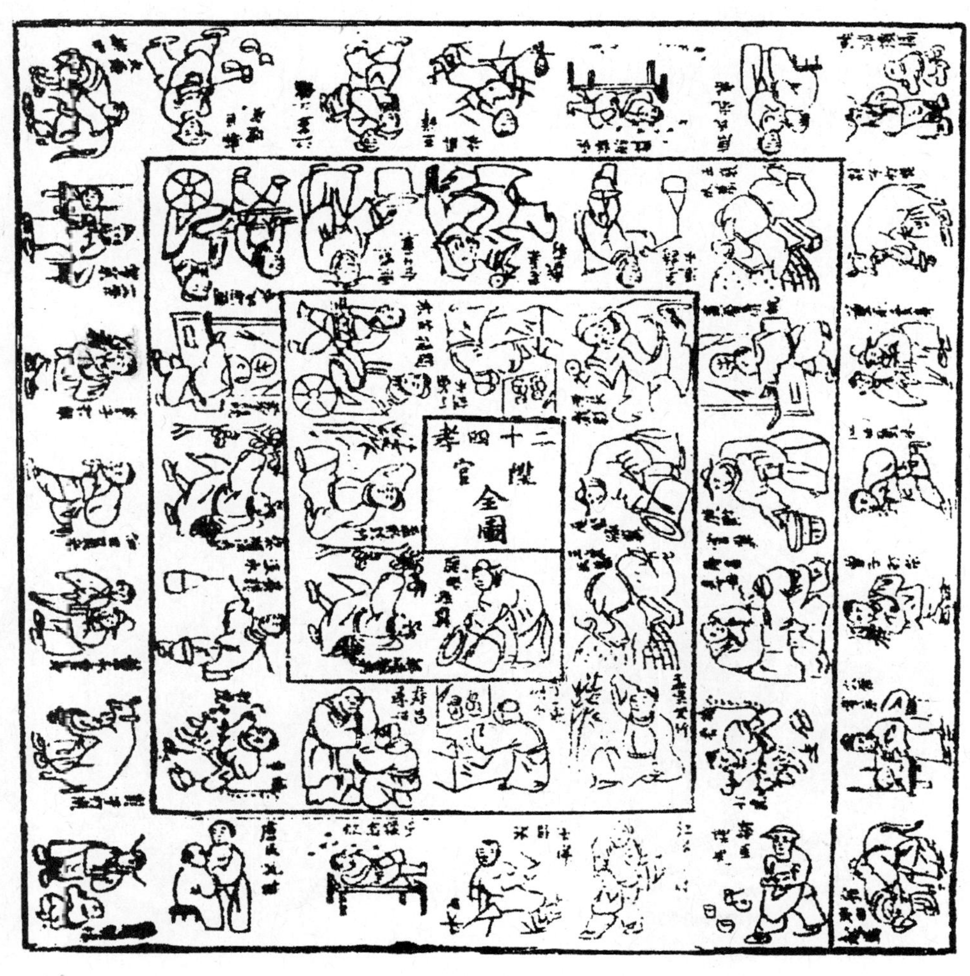

二十四孝升官全图

四川成都民间木版印刷彩选博具（清代）

的，是人们套用了升官图的格式，分格填进了二十四孝的内容。四川成都民间刊印的《二十四孝升官全图》，实际并无官位的高低，只是借“升官图”这个名称和形式，亦即“彩选格”之意。人物故事基本上是按照通行本子所排的序列，从虞舜“孝感动天”、汉文帝“亲尝汤药”，到朱寿昌“弃官寻母”、黄庭坚“涤亲溺器”，不分职位高低，其中还有布衣百姓、家庭妇女和少年儿童。虽然是一种游戏，却有助于孝道的传播，好像每个人都是至诚的孝子，经历了“二十四孝”的各种孝行。

2. 民间吉祥钱《田真哭荆》

我国旧时通行的货币为铜钱，用得时间最长的一种为圆形，中间有一个方形的穿孔，象征着天圆地方。铜钱扁平，正面标朝代，背面为币值。民间多采用这种形式，铸一种“吉祥钱”（也叫“花钱”），正面是吉祥语，背面为吉祥图，也有两面都是图的。花钱较大，不作为货币流通，多用作佩饰，讨个吉利。吉祥钱中表现孝行的不多，“田真哭荆”可能是仅见的一枚，而且还是在钱的背面，正面为“周处斩蛟”。周处，西晋阳羡（今江苏宜兴）人，少孤，膂力超群，纵情肆欲，横行乡里。人们将他与南山之虎、长桥下之蛟并称为“三害”。周处闻之，发愤改过，励志从善。他赴南山杀虎，于长桥斩蛟，入吴郡从文学家陆云学习。陆云为陆机之弟，与兄齐名，时称“二陆”。周处后来入仕为官，行事正直，不畏权贵，累官至御史中丞，谥孝。

“田真哭荆”的故事，旨在维护封建家族制度，主张兄弟不分家。南朝时已专指田真三兄弟，宋代有图画流行，但后来没有收入“二十四孝”中。田真，汉代人，兄弟三

田真哭荆

民间吉祥钱的孝行图（左图为“周处斩蛟”）

选自郭若愚《古代吉祥钱图像赏析》

人，议论分家，对堂前的一棵大紫荆树，也要一分为三。第二天古紫荆便枯萎了（这是“感应论”的虚构）。田真为兄弟之长，见此情形，抱荆大哭，感悟人尚不如无心之木。三兄弟由此受到教育，决定不再分家，和睦如初。那棵荆树也由枯转荣了。据此，历代诗人常以“三荆”比喻同胞兄弟相聚，所谓“三荆欢同株，四鸟悲异林”。

三、民间年画《老来难》

一般的“组字画”是将简单的语句文字，利用笔画的巧合，组成人物的形象。《老来难》不同，表现的是一位老人，拄着拐杖，用文字述说人到老年的生理变化，面临的种种困难。文字长达数百字，顺着人物结构和衣纹排列，弯弯曲曲，互不交叉，读起来产生一种特殊的意味。

民间《老来难》木版组字画有多种版本，形式大同小异，文字多带方言。河南开封版的《老来难》是：

老来难，老来难，劝人休把老人嫌。当初只嫌别人老，而今轮到我头前。千般苦，万般难，听我从头说一番：耳聋难与人说话，差七差八惹人烦。雀朦眼，似鳔沾，鼻泪常流擦不干。人到百岁看不准，常拿李四当张三。年轻人笑话咱，说我糊涂又装酸。亲友老幼人人恼，儿孙媳妇个个嫌。牙又掉，口流涎，硬物难嚼囫囵咽。一口不顺就噎住，卡在嗓内噎半天。真难受，颜色变，眼前生死两可间。儿孙不给送茶水，反说老人口头馋。鼻子漏，如脓烂，常常流到胸膛前，茶盅饭碗人人腻，席前陪客个个嫌。头发少，头顶寒，凉风吹的（得）脑袋酸。冷天睡觉常代（戴）帽，拉被蒙头怕风钻。侧身睡，翻身难，浑身疼痛苦难言。盼明不明睡不着，一夜小便七八遍。怕夜长，怕风寒，时常受风病来缠。年老肺虚常咳嗽，一口一口吐粘痰。儿女们，都笑咱，说我拉撒不向前。老的这样还不死，你还想活多少年。脚又麻，腿又酸，行动坐卧真艰难。拄杖强行一二里，上炕如同登泰山。无心气，记性完，常拿初二当初三。想起前来忘了后，颠三倒四惹人嫌。年老者说不完，仁人君子仔细看。对老人莫要嫌，人生哪能净少年。日月如梭催人老，人人都有老来难。人人都应敬老人，尊敬老人美名传，美名传。

河北武强有新刻版《老来难》，形式改动不大，主要是增加了一些文字。较明显的有：

新人新时新风尚，今昔对比不一般。五讲四美三热爱，谆谆教诲青少年，尊敬老人是美德，精神文明礼乃先。尊长者，孝父母，愿吾同胞仔细参。人生自古谁无老，哪有百岁又少年。日月穿梭催人老，人人都有老来难。劝君要把老人敬，孝顺父母留美传。种瓜得瓜影响大，要防自己老来难。教育后代常背咏，世世代代相继传，生育之恩报不尽，人不到老不知难。纸上口头不可信，实践才知老来难。

中国的民间木版年画，土生土长，助人向上，生命力也最强。以《老来难》为例，老花样加新内容，正在发生着变化，也是一种与时俱进吧。

老来难

河南开封民间木版年画

第十一章

佛道故事中的孝行图

一、目连救母

农历时令，七月十五为“中元节”。清代潘荣陛《帝京岁时纪胜·七月》：“中元祭扫，尤胜清明。绿树阴浓，青禾畅茂；蝉鸣鸟语，兴助人游。庵观寺院，设盂兰会，传为目莲（连）僧救母日也。街巷搭苫高台、鬼王棚座，看演经文，施放焰口。以济孤魂。锦纸札糊法船，长至七八十尺者，临池焚化。点燃河灯，谓以慈航普渡。如清明仪……”富察敦崇《燕京岁时记》说：“中元日各寺院设盂兰会，燃灯唪经，以度幽冥之沉沦者。按释经云：目莲以母生饿鬼中不得食，佛令作盂兰盆会，于七月十五日以五味百果著盆中，供养十方大德，而后母得食。目莲白佛，凡弟子行孝顺者亦应奉盂兰盆供养。佛言大善。后世因之。又《释氏要览》云：盂兰盆乃天竺国语，犹华言解倒悬也。今人设盆以供，误矣。”

盂兰盆
河北武强民间木版画

所误主要不在“盆”上，因为倒悬的饿鬼也亟需食物，而是那个无关的“兰”字。画一盆散发幽香的兰花，与音译的“盂兰盆”毫无关系。真可谓“将错就错，西方极乐”了。

江南人称中元节为“七月半”。顾禄《清嘉录》卷七：“中元，俗称‘七月半’，官府亦祭郡厉坛。游人集山塘（苏州地名），看无祀会，一如清明。人无贫富，皆祭其先。新亡者之家，或请释氏、羽流诵经超度，至亲亦往拜灵座，谓之‘新七月半’”。又：“好事之徒，敛钱纠会，集僧众，设坛礼忏诵经，摄孤判斛，施放焰口。纸糊方相长丈余，纸镪累数百万，香亭旛盖，击鼓鸣锣，杂以盂兰盆冥器之属，于街头城隅焚化，名曰‘盂兰盆会’。或剪红纸灯，状莲花，焚于郊原水次者，名曰‘水旱灯’，谓照幽冥之苦。徐倬《盂兰盆会歌》云：‘城头鼓角吹遥空，沉沉月色来阴风。阴风淅沥纸钱飞，金山银山光闪红。道场洁净大欢喜，撞钟伐鼓声隆隆。声隆隆，灯烂烂，千盏万盏莲花散。莲花散成般若台，欲泛慈航登彼岸。啾啾众鬼泣荒丘，栖苔附草招同伴。魂来风月明竹枝，满地旛影横魂去。风月落森森，夜色转萧索。须弥一粟不可量，杯中净水甘露凉。安得甘露化为酒，孤魂一吸消愁肠。雉矫矫，狗喔喔，蟾蜍影灭高树颠，萤火飞光不成绿。’”

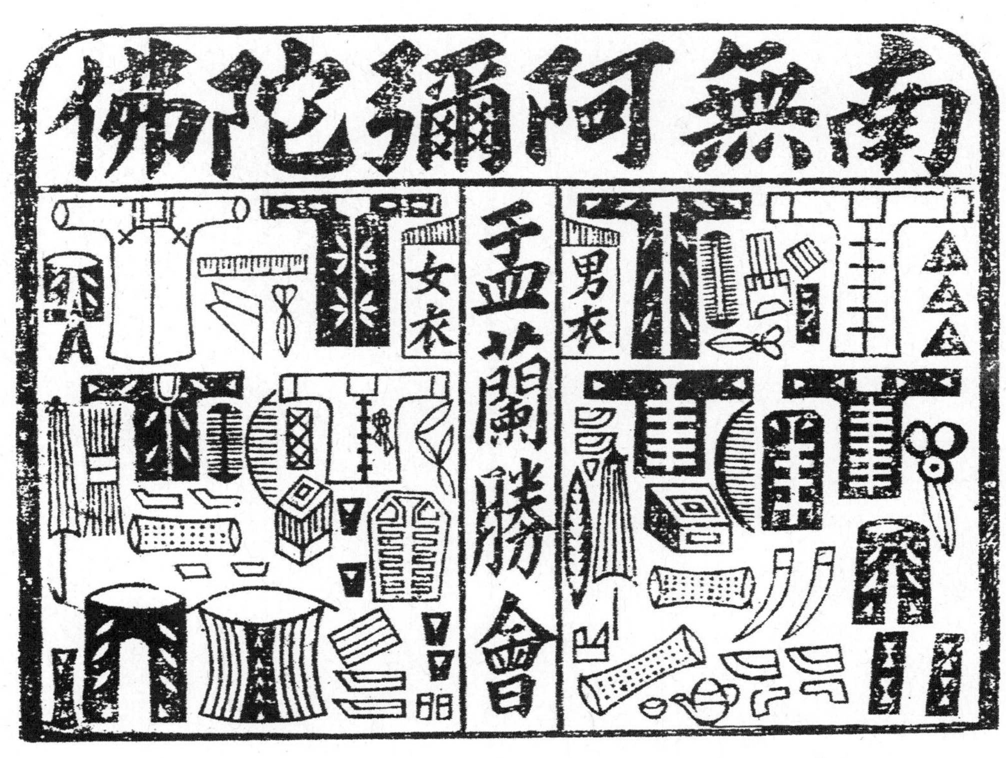

盂兰胜会
贵州安顺民间木版画

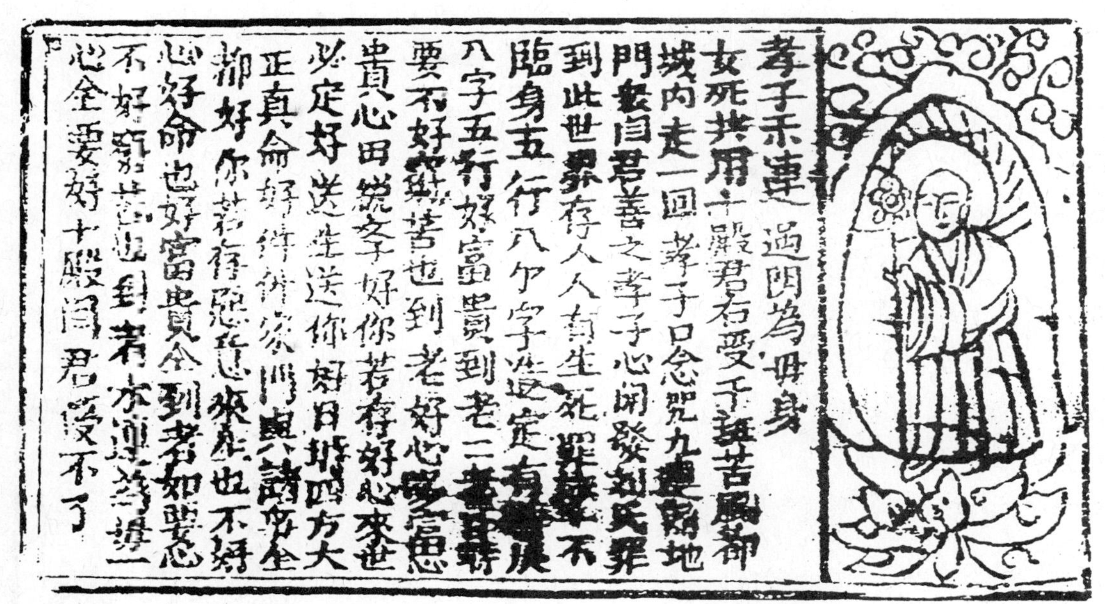

孝子木连过阴救母

北京民间木版画

往时的情景早已远去，我们只能借助古人的诗文了解那幽兰之盆和中元的盆会。生者惦念着死者，为解幽冥之苦，将“救倒悬”译成“盂兰盆”，在“盆”中盛着食物和衣物，以救饥寒之苦。说不定是最初翻译者的有意编排。“盂兰”，梵语音译为“乌蓝婆拏”，意译为“救倒悬”，即是解救地狱中的受倒悬者；盆为食器，可盛百味食品于盆中，既供养众佛僧，又为饿鬼进食，仰佛僧的恩光，以解脱饿鬼倒悬之苦。为了宣传因果报应，佛教所说的“地狱”，是很可怖的。

盂兰盆会的活动，相传始于南朝梁武帝萧衍，会期舍饭斋供僧俗，各寺院举行诵经法会，作水陆道场，放河灯，超度亡人。按照佛经的说法，盂兰盆（救倒悬）的主要发起者为目连。他是个僧人，也是个孝子。

目连也写作“目莲”、“木连”。即梵文音译“目犍连”，全称“摩诃目犍连”，简称“目连”。目连为古印度摩羯陀国王舍城郊人，属婆罗门种姓。皈依释迦牟尼之后，为其“十大弟子”之一，侍佛左边。传说他法力很大，能飞上兜率天（指人死后所登的“天界”），故称“神通第一”。其母死后，因为不信佛教，坠入饿鬼道中，并受倒悬之苦。目连至孝，看到母亲受罪，求佛救度。释迦牟尼要他出钱供养僧众，此难可解。于是，目连作盂兰盆会，并亲入地狱，以十方威神之力，救出了母亲。同时也使许多冤鬼得以解脱。所以，农历七月十五民间俗称“鬼节”，都希望先人得到超度。

佛教的发扬与传播，很懂得对于艺术的利用。将说教式的佛经改编成生动的文学作品，叫作“变文”；将枯燥的经文画成可视的图画，称为“变相”。变文与变相，不仅活跃了佛经的内容，也更易接近大众。发现于敦煌莫高窟的《目连救母变文》，全称《大目乾连冥间救母变文》，是根据《佛说盂兰盆经》演绎而成的。叙述佛弟子目连遍历地狱，目睹了地狱中的种种恐怖景象，找寻母亲青提夫人；并倚仗佛力，用咒语制服了鬼头，救出了母亲。

后来由变文而成为说唱的形式，并发展成戏曲“目连戏”。“目连戏”的出现，由元明时期的《目连救母》传奇，演绎成多种版本和剧种。如表现目连救母至诚的有《戏目连》《四面观音》；表现从母受难到救出的有《游六殿》《滑油山》等。使孝子目连家喻户晓。

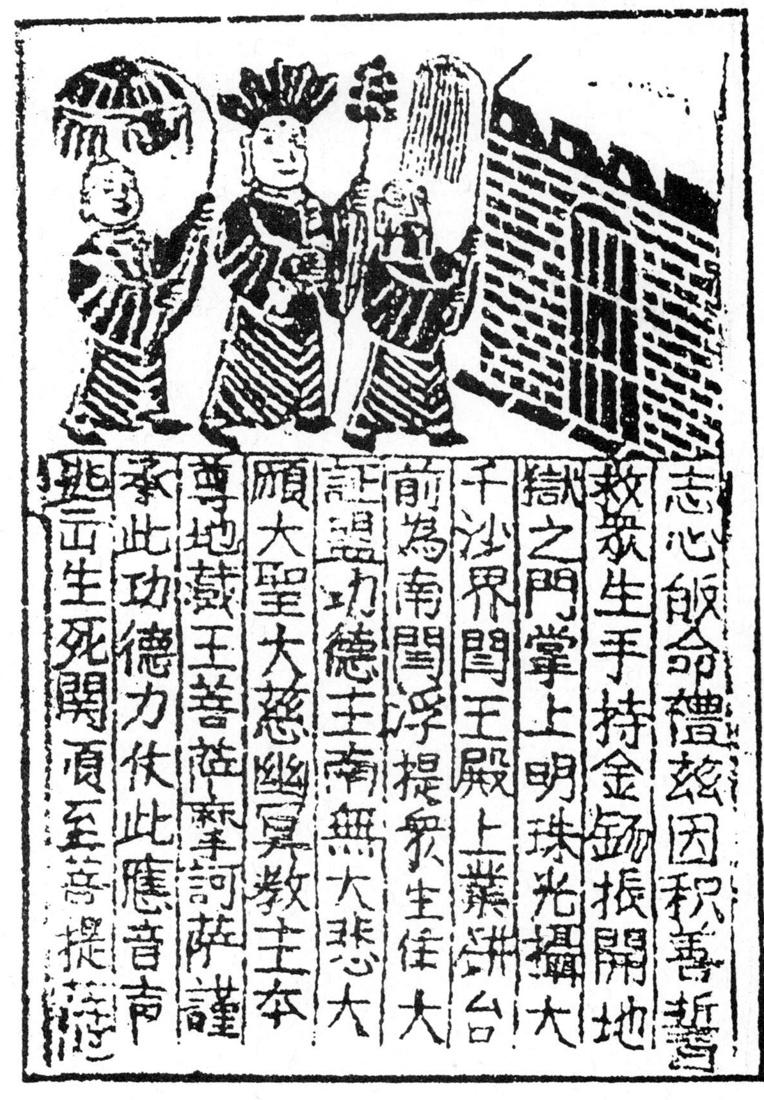

目连经
宁夏民间木版画
表现目连进入地狱救母

二、劈山救母

京剧《宝莲灯》是根据元人《沉香太子劈华山》杂剧,以及《沉香宝卷》等改编的。“宝莲灯”本是故事中的一件法宝，曾多次提及，并起了一定作用，故以其为名。此剧主要表现书生刘彦昌和神女三圣母发生感情，并生了一个儿子沉香。遭到三圣母之兄二郎神的破坏，将三圣母压在了华山之下。沉香长大后，斧劈华山，救出了母亲。本传奇有多种版本，其本事的梗概为：

——二郎神杨戬，奉玉帝之命镇守华山。一日，上天廷赴蟠桃盛会，行前嘱咐其妹三圣母，要看守好宝莲神灯。二郎神走后，三圣母受侍女琪花的怂恿，二人同去山前，观赏山景。

——书生刘彦昌进京赶考，遇到大风，至华山二郎神祠歇息。祠内供有三圣母像。刘彦昌见而爱之，遂题诗于壁。三圣母归，见刘彦昌，亦生爱慕之心，经侍女琪花撮合，二人结为夫妻。

——二郎神杨戬回山，得知三圣母与凡夫刘彦昌成亲，违反了神仙戒律，也损害了神仙的尊严，大为震怒。此时，三圣母派侍女琪花护送刘彦昌下山，杨戬将妹三圣母压于华山之下。

——刘彦昌京试得中，外放罗州正堂，又因献沉香宝带治愈了丞相的宿疾，续娶丞相女王桂英为妻，夫妻同赴罗州任所。途经华山，王桂英知沉香宝带乃三圣母所赠，便上山拜谒。琪花得知后，送三圣母所生之子沉香前来，交王桂英抚养。

——十年后，王桂英生子名秋儿，与三圣母所生之子沉香，同馆攻读。一日，沉香见同学秦官保仗势欺侮师长，失手将秦打死。二人归家，报知刘彦昌，彦昌知秦府势大，必不甘休，二子争为官保抵命。刘彦昌夫妻对二子皆不忍舍。几经争辩，王桂英因感三圣母救夫之恩，将往事告知沉香，纵之逃走，刘彦昌携秋儿至秦府抵命。

——沉香逃出罗州，路遇霹雳大仙，从之入山学艺。经霹雳大仙点化，脱去凡胎，赐以神斧。沉香持神斧至华山救母。琪花闻讯，以宝莲神灯相助，战胜了二郎神杨戬。沉香尽孝，斧劈华山，救出了三圣母。母子得以团聚。

剧情通顺，结构清晰，人物处理恰当。据载，此改编本于1963年5月在北京首演，为之轰动。各地方戏，如川剧、汉剧、湘剧、徽剧、晋剧、滇剧、秦腔、河北梆子，以及舞剧等，均有类此剧目。从宝莲灯、三圣母到“劈山救母”，不仅家喻户晓，真可谓脍炙人口了。

劈山救母（一）
山西新绛民间窗花
赵玉莲剪

孝子沉香，劈山救母，气势之大，令人敬佩！他的母亲三圣母，虽然是仙界神女，却羡慕人间爱情，被其兄二郎神压在华山之下。人们不但同情她的不幸遭遇，更为她生了一个仗义勇为的孝子而感庆幸。从农村妇女的剪纸中，可以看出，所剪的都有“劈山救母”的题材，就充分说明了这一点。

劈山救母（二）
山西民间窗花

劈山救母（三）
陕西民间窗花

三、状元祭塔

《状元祭塔》为传统神话戏曲《白蛇传》接近尾声的一折，表现的故事是蛇精化身的白素贞（白娘子）所生之子许士林（一名梦蛟），长大后考中状元。此前之白娘子已被金山寺法海和尚镇于雷峰塔之下。士林于塔前祭拜，经塔神帮助，母子得以见面。

《白蛇传》的全剧，情节内容和对于白娘子形象的塑造，在历史上是逐渐完善的。宋代的《金钵记》已开始讲述白娘子的故事；明代《警世通言》中已有“白娘子永镇雷峰塔”的篇章。明清以来,《白蛇传》趋于完整,在一般的说唱艺术中,大都有白娘子下山、收青、断桥、结盟、盗银、惊变、盗草、水斗、产子、合钵、祭塔、佛圆等情节。版本很多，有的还杂以神仙妖魔。综合其故事梗概为：

——在四川峨嵋山上，有两条千年蛇精，青蛇和白蛇。她们不耐深山修炼之苦，化身为少女白素贞与小青。白素贞后来也称白娘子，收小青为侍女。两人云游至西子湖边，素贞与许仙在断桥相识，因借伞、同舟，互生爱慕之情。经小青为媒，二人结为夫妻。

——金山寺长老和尚法海，闻知此事，以为人妖共处，败坏伦常，蓄意破坏二人婚姻。在端阳节，使白娘子素贞误饮雄黄酒，以致复现原形，许仙见蛇受惊，晕厥不起。素贞醒后，不顾艰险，前往仙山盗取灵芝草，救活了许仙。

——许仙因受法海教唆，遂避素贞，到金山参禅。白娘子与小青赶到金山寺，恳求法海放许仙回家。法海厉声拒绝，并命神将拘捕白娘子。白娘子忍无可忍，搬来水族，水漫金山，双方展开激战。白娘子因怀孕在身，腹胎阵痛，由水路败走断桥。

——其时，许仙深感悔恨，不顾一切逃下金山，行至断桥，与素贞相遇。许仙痛陈己过，素贞柔肠寸断，劝阻小青，勿杀许仙。经过一场风波，夫妻和好如初。

——不料正当白娘子产子、全家庆祝弥月之时，法海又率神将跟踪而至，以金钵拘白娘子，压在了雷峰塔下。

——小青满怀仇恨，约请三山五岳众神，战败神将，烧毁雷峰塔，救出白娘子素贞。

中国的戏曲，特别是内容繁杂的大戏，多在结构上分成若干段落演出，一个段落称作“一折”，俗称“折子戏”，也就是“一出戏”。每出戏虽是全戏的一部分，但在情节上也相对独立，甚至有的是“节外生枝”者。《状元祭塔》便是如此。状元许士林虽是白娘子素贞所生，但生后只有一个月母亲便遭难了。相隔十多年，各有各的“戏”，在剧情的发展上难以连贯。所以《祭塔》一折，有的在全剧中，也有的独立演出。

状元祭塔（一）
陕西民间剪纸

《白蛇传》是优秀大戏，除京剧外很多地方戏都有此剧目。白娘子素贞虽是蛇精，但妖气脱尽，善良勇敢，不顾封建礼教的束缚，追求幸福，忠于爱情，在艺术创作上是具有浪漫主义精神的。《状元祭塔》虽在全剧的近尾，却是悲剧中的一线光明。白氏之子许士林（一名梦蛟）中了状元，前来祭塔，经塔神的帮助，母子相见。白娘子尽诉前情，恨许仙软弱薄幸，骂法海残忍狠毒，挥泪离别。

状元祭塔（二）
山西民间剪纸
张翠萍剪

状元祭塔（三）
山西新绛剪纸
吕引引剪

状元祭塔（四）
甘肃合水城关
张凤英剪

这是清代一件苫盆巾的刺绣纹样。原图为圆形，此为中心局部。“苫盆”是用茅草编的盆状器。上面覆盖着绣花巾。表现“状元祭塔”，比较合乎情理，白娘子从塔中探出头来，随着一道仙气，与祭拜的状元儿子谈话。

状元祭塔（五）
山西闻喜刺绣

第十二章 二十四孝图解析

一、封建社会树立的孝行样板

在中国的传统文化中，恐怕没有人反对敬养父母。即使个别的逆子，犯有不孝的行为，也不敢公开散布非孝的言论，因为那是丢人现眼的事，会遭到全社会的蔑视。早在《诗经·小雅》中，就有一篇感恩父母的《蓼莪》，诗人深情地吟咏道："哀哀父母，生我劳瘁！"——可怜我的父母亲，生我养我实在太劳累！人们孝顺父母，赡养父母，是天经地义的。但是对于如何尽孝和"孝"的内涵，认识并不一致。在《论语·为政》篇中，记录了孔子对"孝"的见解：

"子游问孝，子曰：'今之孝者，是谓能养。至于犬马，皆能有养。不敬，何以别乎？'"——现在的人讲孝，以为能赡养父母便是孝了。就是犬马，一样有人养着。没有对父母的一片敬心，两者又有什么区别呢？

他对子夏说："色难。""色"就是脸色。意思是说，如果有事，儿子替父母去做，有好吃的饭食，让父母去吃，但脸色很难看，这能算孝吗？

他对孟懿子说："无违。"就是不要违背礼，父不皆贤。如遇非礼，不能顺从，应以礼事亲。即："生，事之以礼；死，葬之以礼，祭之以礼。"

他对孟武伯说："父母，唯其疾之忧。"意思是说，父母年老多病，要多为他们的疾病担忧，也就是尽孝。

《礼记·祭义》："子曰：'立爱自亲始，教民睦也；立敬自长始，教民顺也。教以慈睦，而民贵有亲；教以敬长，而民贵用命（服从尊者、长者）。孝以事亲，顺以听命，错（通措）诸天下，无所不行。'"

孔子的后学曾子（曾参），发挥了孔子关于"孝"的思想，将孝的概念分为三个层次："大孝尊亲，其次弗辱，其下能养。"他的弟子公明仪问他："夫子可以为孝乎？"曾子说："是何言与！是何言与！君子之所谓孝者，先意承志，谕父母于道。参直养者也，安能为孝乎！”所谓“先意承志，谕父母于道”，是指父母的意志还没有表示出来之前，就已经预测到，并按照父母的意志去做。同时又能晓喻父母，使他们的意志合于正道。曾子说，我只不过做到赡养父母罢了，怎能算是孝呢？

曾子的见解是有道理的，但不必与赡养父母对立起来。养即维持生存，是一切孝敬的基础，如果连“养”都做不到，还谈什么大孝呢？

事实上，在早期的孝行图中，画面所表现的，仍多是对父母的赡养。即使刘向《孝子传》仅存的三个故事，也与赡养有关。虞舜的父亲做梦，“见一凤凰，自名为鸡，口衔米以食己，言鸡为子孙，视之乃凤凰”。那个埋儿的郭巨，“妻产男，虑养之则妨供养，乃命妻抱儿，欲掘地埋之”。西汉时期董永“卖身葬父”、路遇织女的神话故事已经出现。在人与神之间，他与“牛郎织女”的性质不同，刘向《孝子传》说：“董永，千乘人。少失母，独养父。父亡，无以葬，乃从人贷钱一万。永谓钱主曰：后若无钱还君，当以身作奴。主甚愍之。永得钱葬父毕，将往为奴。于路忽逢一妇人求为永妻。永曰：今贫若是，身为奴，何敢屈夫人为妻。妇人曰：愿为君妇，不耻贫贱。永遂将妇人至。钱主曰：本言一人，今何有二？永曰：言一得二，于理乖乎？主问永妻曰：何能？妻曰：能织耳。主曰：为我织千匹绢，即放尔夫妇。于是索丝，十日之内，千匹绢足。主惊，遂放夫妇二人而去。行至本相逢处，乃谓永曰：我是天之织女，感君至孝，天使我偿之。今君事了，不得久停。语讫，云雾四垂，忽飞而去。”

这个故事很完整，目的非常明确，就是董永的孝行感动了上天，天帝派织女下凡，帮助董永度过难关。“牛郎织女”与此不同，那是由两颗星星产生的联想，并且是两人私下的爱情，没有得到王母的同意，遭到了天河相隔，一年只能相会一次。董永与织女的结合虽然是短暂的，却是有意的安排。在有关孝道的“天人感应”方面，由仙人（织女）直接出面，仅此一例。

董永“卖身葬父”和织女相遇的故事，在汉代只作为口头文学流传，并未见于孝行图中。有关董永的孝行，是在他父亲去世之前，因家穷为人作佣工，将父亲用小车推到田头树荫下，一面劳作锄地，一面照顾父亲。表现织女乘云下凡的情节，是在他父亲去世之后，已经很晚了。

孝行图是随着孝道的宣扬而流传开来的。各式各样的孝子被推举表彰，孝行图也越来越多。任何风尚一旦为大众所接受，传播起来是很快的。封建统治者所关心的是对其自身的利弊，如何将赡养父母的尽孝，引向“大孝尊亲”和“弗辱”，才能贴近政治，有助于封建伦理道德的传扬。因此，势必提出对于孝的“标准”和“规范”。

“二十四孝”出现较晚。宋金时期已有二十四个孝子的组画，但人物并不固定。明清两代大量流行的《二十四孝图》，是元代制定的。不难看出，对于二十四个人物的选择和安排，以及孝行的内容与“天人感应”，都经过一定思考，显然带有样板的性质。

二、“二十四孝”人物分析

定型了的“二十四孝”，其中的24个孝子和孝女，在时代、职务、地位和孝行事迹、天人感应以及性别、年龄等方面，都是经过考虑和选择的。过去有人将其分作孝帝、孝贤、孝子、孝妇、苦孝、仕孝、顺孝、殁孝、病孝九类。大体可以看出区别，但仔细分析并不确切。如“孝子”本是总称，在这里当作一类，难道别人不是孝子了吗？我们不作严格分类，只是就其不同的特点，作一分析。

1.两个帝王

虞舜与汉文帝刘恒，列于“二十四孝”之首。

虞舜是传说中的父系氏族社会后期的部落联盟领袖，古史称做帝王。他由四岳推举，经帝尧考核试用，受禅让即位。据《尚书·尧典》记载，虞舜是“瞽子，父顽，母嚚，象傲。克谐以孝，烝烝乂（yì）不格奸”。意思是说，他是一个瞎子的儿子，父亲愚顽固执，继母嚣张放肆；异母弟（名“象”）傲慢不羁。虞舜却能以孝道使家庭和睦安定。所谓“克谐以孝，烝烝乂，不格奸”:“克”即能，“烝烝”是兴盛、淳厚，“乂”（yì）是治理、安定，“格”是至，“奸”是邪恶不正。即是说，能够以孝达到和谐，治理家务，也就不会有邪恶的行为。古人认为，有治家才能的人，同样能治理国家。这是虞舜的主要孝行。

“二十四孝”第一个介绍虞舜，标题是《孝感动天》，画面是耕于历山，有“象耕鸟耘”之说，宣扬的不是虞舜的美德，而是标榜天人感应，将所谓“孝感”列于首位，可见其目的所在。

汉文帝刘恒，为汉高祖刘邦的第三子，薄后所生，初封代王。刘邦死后，吕后专权；吕后死后，诸吕发动叛乱，为太尉周勃等所平定，刘恒以代王入为皇帝。他实行“与民休息”的政策，信奉黄老思想，减轻地税、赋役和刑狱，使生产得以恢复和发展。又削弱诸侯之势力，以巩固中央集权。他所统治的一朝和汉景帝统治的下一朝，历史上并誉为“文景之治”。汉文帝也是一个孝子，母亲薄后生病时，他细心供奉，“二十四孝”介绍的标题是《亲尝汤药》。

2.孔子的三个弟子

曾参（曾子）、闵损（子骞）、仲由（子路），都是孔子的学生。

《孔子家语·七十二弟子解》说：“曾参，南武城人，字子舆，少孔子四十六岁。志存孝道，故孔子因之以作《孝经》。齐尝聘，欲以为卿而不就。曰：‘吾父母老，食人之禄，则忧人之事，故吾不忍远亲而为人役。’”曾参发挥了孔子关于孝的思想，在孝道方面多有建树。东汉武梁祠画像石刻《曾母投杼》，表现了曾参的正直、诚实、善良。但在“二十四孝”中，却选了《啮指心痛》。曾参年轻时往山中打柴，忽然感到心痛，知道家中有事，赶紧回家。母亲告诉他有客人来，不知如何接待，急得咬了自己的手指。据说这是一种心神相通的“感应”。早在东汉时期，王充就提出质疑。他在《论衡·感虚篇》中说：“传书言：曾子之孝，与母同气。曾子出薪于野，有客至而欲去。曾母曰：‘愿留，参方到。’即以右手搤其左臂。曾子左臂立痛，即驰至问母：‘臂何故痛？’母曰：‘今者客来欲去，吾搤臂以呼汝耳。’盖以至孝，与父母同气，体有疾病，精神辄感。曰：此虚也。夫孝悌之至，通于神明，乃谓德化至天地。俗人缘此而说，言孝悌之至，精气相动。如曾母臂痛，曾子臂亦辄痛，曾母病乎，曾子亦病乎？曾母死，曾子辄死乎？考事，曾母先死，曾子不死矣。此精气能小相动，不能大相感也。世称申喜夜闻其母歌，心动，开关问歌者为谁，果其母。盖闻母声，声音相感，心悲意动，开关而问，盖其实也。今曾母在家，曾子在野，不闻号呼之声，母小搤臂（用力掐臂，也有的说是咬指），安能动子？疑世人颂成，闻曾子之孝天下少双，则为空生母搤臂之说也。”由此看来，孝子曾参的这个“事迹”是不可靠的。

闵损，《孔子家语·七十二弟子解》说：“闵损，鲁人，字子骞。少孔子五十岁，以德行著名，孔子称其孝焉。”二十四孝图选的是《单衣顺母》，表现后母不慈，对自己生的两个孩子，冬天做了很厚的棉衣，但对闵损却用芦花填充，单薄不耐寒，赶车时手脚冻得麻木，连马鞭子也拿不住，掉在了地上。他的父亲发现后，要休去后母。闵损向父亲建议说：不要与后母离异，“母在一子寒，母去三子单”。也使后母受到感动而悔改。

对于闵损的孝行，连孔子也为之感动。《论语·先进》：“子曰：‘孝哉闵子骞！人不间于其父母昆弟之言。’”——孔子说：“闵子骞真是孝顺啊！人们对于他的父母兄弟所赞美他的话，没有什么可挑剔的。”

仲由，《孔子家语·七十二弟子解》说：“仲由，弁人，字子路，一字季路，少孔子九岁。有勇力才艺，以政事著名。为人果烈而刚直，性鄙而不达于变通。仕卫为大夫，遇蒯聩与其子辄争国，子路遂死辄难。孔子痛之，曰：‘自吾有由，而恶言不入于耳。’”子路好勇，有点粗鲁，常将公鸡的羽毛插在自己的帽子上。

在《论语》中，有关仲由（子路、季路）的条目很多，孔子也喜欢他的诚实和直率。孔子曾说：“如果我的主张行不通，就乘木筏到海外去。能跟随我的人，大概只有仲由吧！”

二十四孝图选了子路《为亲负米》。子路年轻时家穷，父母吃野菜（藜藿之食）度日。子路不辞劳苦，为亲负米于百里之外。双亲殁后，他到远处做官，俸禄很高。常叹曰：“虽欲食藜藿之食、为亲负米不可得也。”这是符合子路性格的。

3.两个隐士

老莱子戏綵娱亲，王裒闻雷泣墓。

据文献所载，老莱子本是春秋时期楚国的一个学者，因避世乱，居于蒙山之阳，自耕而食。楚王闻其贤，召其出仕，不就；遂与其妻迁至江南，隐居不出。《汉书·艺文志》道家有“老莱”十六篇，隋、唐志不著录，久佚。《史记·老子列传》：“或曰：老莱子亦楚人，著书十五篇，言道家之用，与孔子同时。”

据说老莱子也是一个孝子，孔子对他的孝行是有评语的。他已到了古稀之年，七十岁了，行动有所不便，但双亲健在，仍尽心供养。《太平御览》卷四一三引师觉授《孝子传》说：“老莱子者，楚人。行年七十，父母俱存，至孝蒸蒸（孝顺）。常着斑斓之衣，为亲取饮，上堂脚跌，恐伤父母之因（心），僵（倒下）仆为婴儿啼。孔子曰：‘父母老，常言不称老，为其伤老也；若老莱子，可谓不失孺子之心矣。’”

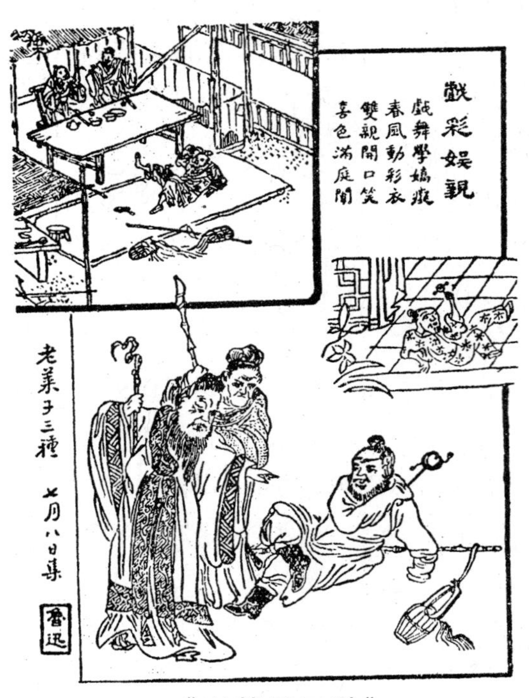

《老莱子三种》
鲁迅剪集“二十四孝图”之一，1927年
（载《朝花夕拾》）

一个七十岁的老人，为他的父母取饮料，不小心跌倒了，为了不让双亲担心和因年老而难过，索性躺在地上，假装婴儿啼哭，逗一逗父母，以掩盖摔跤。这样一来，竟“摔”出了一个“戏綵娱亲”的老孝子。孔子也看到了他的“孺子之心”。虽然汉代武梁祠所刻的画像题榜中已提到“斑斓”之衣，但画面还较平实，没有出现婴儿的手摇鼓之类。但后来却把他打扮成一个婴儿模样，有的还在他的头上扎出两个丫髻。鲁迅在《二十四孝图》一文中说：“(摇咕咚)这东西是不该拿在老莱子手里的，他应该扶一枝拐杖。现在这模样，简直是装佯，侮辱了孩子……而招我反感的便是‘诈跌’，无论忤逆，无论孝顺，小孩子多不愿意‘诈’作，听故事也不喜欢是谣言，这是凡有稍稍留心儿童心理的都知道的。然而在较古的书上一查，却还不至于如此虚伪……不知怎地，后之君子却一定要改得他‘诈’起来，心里才能舒服……正如将‘肉麻当作有趣’一般，以不情为伦纪，诬蔑了古人，教坏了后人。老莱子即是一例，道学先生以为他白璧无瑕时，他却已在孩子的心中死掉了。”

王裒，魏晋时人，《晋书》说他博学多能。其父王仪被司马昭杀害，王裒终身不西向而坐，誓不臣晋。她的母亲生前怕闻雷声；死后每遇雷雨，他都要跑到母亲墓前，拜泣告母：“裒在此，母勿惧！”王裒隐居，教授读《诗经》，每读到“哀哀父母，生我劬劳”，遂三复流泪；门人弟子竟将载有此句的《蓼莪》篇删去，免得先生难过。孝至如此。真可谓迂夫子了。

4.遇仙女者与埋儿者

董永卖身葬父，路遇织女；郭巨为母埋儿，掘地得金。

在“二十四孝”中，这两个故事可能是流传最广的。前者是将神话传说贴在了孝子身上，路遇织女，结为夫妻，谁都不会相信，竟有这样的好事。后者将亲生的儿子活埋，残忍可怖，竟有这样的“孝子”！

董永和织女的故事，本是神话传说，它虽然缘起于董永“卖身葬父”，但与孝子的行为并非一回事，虚构的编造怎么同实有的事迹连在一起了呢？如果为了强调“天人感应”，也显得太虚假了，有谁会相信呢？

鲁迅在《二十四孝图》一文中说：“至于玩着‘摇咕咚’的郭巨的儿子，却实在值得同情。他被抱在他母亲的臂膊上，高高兴兴地笑着；他的父亲却正在掘窟窿，要将他埋掉了。说明云，‘汉郭巨家贫，有子三岁，母尝减食与之。巨谓妻曰，贫乏不能供母，子又分母之食。盍埋此子？’但是刘向《孝子传》所说，却又有些不同：巨家是富的，他都给了两弟；孩子是才生的，并没有到三岁。结末又大略相象了，‘及掘坑二尺，得黄金一釜，上云：天赐郭巨，官不得取，民不得夺！’”

鲁迅在回忆中继续写道：“我最初实在替这孩子捏一把汗，待到掘出黄金一釜，这才觉得轻松。然而我已经不但自己不敢再想做孝子，并且怕我父亲去做孝子了。家景正在坏下去，常听到父母愁柴米；祖母又老了，倘使我的父亲竟学了郭巨，那么，该埋的不正是我吗？如果一丝不走样，也掘出一釜黄金来，那自然是如天之福，但是，那时我虽然年纪小，似乎也明白天下未必有这样的巧事。现在想起来，实在很觉得傻气。这是因为现在已经知道了这些老玩意，本来谁也不实行。”

这是一种很古怪的“孝行”：一面是向母亲尽孝，一面是杀掉自己的儿子；在人伦道理上，这算是个什么人呢？

5.供木人者与扮鹿者

丁兰幼丧父母，“刻木事亲”；郯子双亲眼疾，取鹿乳奉亲。

一个自幼失去双亲、未得奉养的人，长大立业后，思念劬劳之恩，雕刻了木像供奉，以尽其孝。这本是丁兰的孝行，但是却由此制造出一系列木像有灵的故事。先是丁兰的妻子对木像不敬，用针刺了木像的手指，手指出血，木像见丁兰归，流出了眼泪。邻人不信其事，又多管闲事，到他家里用棍棒敲打木人，木人落了泪。还有的说，在丁兰不在家时，有人醉酒后用刀斧将木人劈了，木人流出了血。丁兰回家后，悲哀异常，一怒之下将肇事者杀死。官方并没有给丁兰治罪，反而表彰他“至孝通于神明”。

无中生有，谣言传播如风。或是由丁兰的微小幻觉，越传越大，以致成为感应论者的根据，加以大肆宣扬。

郯子是个聪明人，父母患眼疾，思鹿乳而难得。他想了一个办法，跑到深山老林之中，披上鹿皮，装上鹿角，假扮成鹿，混入鹿群中取奶，果然成功。不料遇到猎鹿人，弓箭无情，当群鹿惊跑时，他成了射猎的对象，幸亏他机智，赶紧站起来大声说明，否则真要带箭而归了。

6.一对夫妇与行佣供母者

姜诗夫妇，因孝感出现“涌泉跃鲤”；江革背母逃难，“行佣供母”。

姜诗及其妻庞氏皆孝，两人尽心事母。他的母亲喜欢饮江水、食鲤鱼片，并且与邻母共食。姜诗经常去市场买鱼，并切成鱼片；庞氏每天到很远的江边汲水。两人不辞辛苦，长此以往，感动了上天，忽然在他们的房侧涌出一股清泉，如同江水滋味，并且从泉水中跃出两条鲤鱼来。始作俑者想得也很周到，那鱼是定期的“日跃双鲤”，每天都有两条鲤鱼跳出来，这在“天人感应”中是少见的。

庞氏的孝行，敬奉婆母，在二十四孝之前，有的已作为独立条目，标题是《姜诗妻》，在这里成了孝子姜诗的附属。

江革是东汉时人，少年丧父，与寡母住在一起，侍奉尽孝。遭乱负母逃难。曾多次遇到盗贼，逼他入伙。他以老母无人照顾为由，苦苦哀求，盗贼不忍杀而将其放过。后来江革行佣供母。

7.七个少年儿童

这七个孩子的姓名及其孝行是：

杨香“搤虎救亲”，杨香十四岁时随父下田，父被虎曳去；他急搤虎颈不放，使虎无奈而逃。蔡顺“拾椹供亲”，年幼丧父，事母至孝。荒年无食，拾桑椹充饥，将熟者奉母，生者自食。陆绩“怀橘遗亲”，年六岁，外出做客，主人以橘招待，陆绩偷偷怀橘二枚，准备回家奉母。黄香“扇枕温衾”，九岁失母，躬耕勤苦，事父尽孝，夏热扇凉枕席，冬寒以身温其被衾。吴猛“恣蚊饱血”，年八岁，家贫，夏无蚊帐，夜间任蚊虫叮咬饱血，就不会去咬父母了。王祥“卧冰求鲤”，继母不慈，父前失爱，天寒冰冻，后母欲食鲜鱼；解衣卧冰，以求鱼来。孟宗“哭竹生笋”，自幼无父，母老有病，冬月思笋做羹，孟宗无计，抱竹而哭，感天生笋。

七个孩子，以杨香最大，也不过十四岁，其他最小的只有六岁。杨香“搤虎救亲”，有的写作“杨香打虎”，如同武松打虎、李存孝打虎一样，是不准确的。虽说“初生牛犊不怕虎”，不论年龄和武功，即使身体健壮，杨香也不具备打虎的能力。他是跟父亲下田劳作，在田间突然遇虎的，杨香一心救父，着急万分，又手无寸铁，便猛地扑向虎背，用力扼住虎颈，不但使老虎放了他父亲，并且令老虎动弹不得，无法施展威风，只好挣扎逃走。

其他六个孩子，不论拾椹的、怀橘的、温衾的、喂蚊的、卧冰的、哭竹的，都是出于内心孝敬父母。从儿童心理学的角度看，符合他们的年龄和心理特征。特别是那个“恣蚊饱血”的吴猛，因夏天蚊虫多，家贫没有蚊帐，为了父母能安睡，便让蚊子吸自己的血，蚊子吃饱了肚子，就不会去咬父母了。这是儿童的主意，是多么天真，多么可爱而又可怜的孩子！六岁的陆绩也是如此。他到九江太守袁术家中做客，袁术以橘招待。陆绩看到橘子，便想到是母亲最爱吃的，平时买不起，很自然地将两个橘子藏在了袖筒中。临走拜辞，举手作揖，袖中的橘子掉在了地上。袁术看到这种难堪的局面，笑曰：“陆郎作宾客而怀橘乎？”陆绩也知道不光彩，跪答曰：“吾母性之所爱，欲归以遗母。”袁术听了大奇，由嘲笑转而敬重其幼而知孝。

至于王祥“卧冰求鲤”和孟宗“哭竹生笋”，本是两个孩子的想象，虽然不切实际，但纯真可爱，不失一片孝心。所讨厌的是那些迂腐的道学先生，假天之命，让冰裂跃出鲤鱼，寒冬长出竹笋。所谓“孝感”之功，表面上圆了两个孩子之孝，实际上假得荒唐，不但不能实现，实际是要弄了孩子。

为什么幼年“孝子”这样多，将近“二十四孝”的三分之一呢？是因为儿童的思想较单纯，意识的可塑性强，易于接受大人的话，包括那些封建伦理道德的说教。同样，在旧时的儿童蒙学读物上，也是普遍印了“二十四孝图”，说明在这一点上，封建文人是看得很准的。

8.一个老妇人

唐夫人“乳姑不怠”。

在“二十四孝”中，正式列名的只有一个女性，即已做了祖母的唐夫人，而且还是以哺乳婆母成就考名的。另外还有一位庞氏，没有单列，附在了姜诗的名下。

在中国历史上，“孝女”不会少于“孝男”。但在古代重男轻女，女性没有社会地位。所谓“三从四德”——在家从父，出嫁从夫，夫死从子；以及修饰仪容、操持家务和针线纺织等德行要求，极大地束缚了妇女。作为崔山南的祖母，早已过了哺乳期，如何乳养他年高无齿的曾祖母，并且长达数年之久，恐怕谁也不明其详，不过是传闻而已。

9.三个官员

这三个官员的孝行是：南齐孱陵县令庾黔娄“尝粪忧心”；宋神宗时官员朱寿昌“弃官寻母”；北宋太史黄庭坚“涤亲溺器”。

庾黔娄为县令，上任未及旬，忽然心惊汗流，即“心感”于父病有变，弃官归家，父病已发作。当时没有科学化验。医生告诉他，欲知病情严重程度，只有尝粪，粪苦则好。黔娄尝粪为甜，甚为忧心。到了晚上拜祷于北斗，愿以身代父死，保父病愈。

朱寿昌为妾所生，七岁时，生母为嫡母所妒，改嫁他方，母子分离五十年未曾见面。朱寿昌后来做了官，思报劬劳之恩，弃官寻母。他与家人诀誓：“不见母，不复还。”待他寻见母亲时，老人已经七十多岁了。

黄庭坚，字鲁直，号山谷。北宋时为校书郎、著作佐郎；也是著名的诗人和书法家。“二十四孝”介绍他说：“身虽贵显，奉母尽诚，每夕为亲涤溺器，未尝一刻不供子职。”

以上二十四个孝道人物，自元代以来，尤其是明清两代，宣传甚广。有图、有文、有诗，可以说达到了家喻户晓、妇孺皆知的程度。虽说也有《后二十四孝图》《后孝行录》甚至《百孝图》之类出现，但传布的广度和深度都不及《二十四孝图》。通常认为，这是封建社会选定的二十四个典型孝行人物，是供人们效法的孝行样板。现在看来，并不尽然。因为其终极目的是宣扬封建统治者的政绩、伦理道德以及与天感应的互通。首先在编排上，标榜不分尊卑、贵贱、职务、男女、老幼，二十四个人，前二人是至高无上的帝王，后三人是实行治理的官员；中间依次是贤者、隐者、平民、少年儿童和妇女，全在他们的统治之中；各种不同的“孝行”与“孝感”互相穿插，有的接地，有的通天，岂不是理想的“孝行天下（全国）”吗！

在古代封建统治者的观念中，只看重有利于政权和地位巩固的舆论，并不关心具体某个人的孝道与否。正如鲁迅所指出的：“这些老玩意，本来谁也不实行。”

三、“天人感应”的迷信

古人认识世界有很大的局限性，对于周围的自然环境多不了解。譬如天体的运行，寒暑的交替，风雨雷电等，不但琢磨不透，并且是人力所不能及的。有感于天的威力，带着一种恐惧心理，以为天大于地，地上的人也应该听命于天，于是产生了“天命论”。这种思想在殷周时期已经出现，甲骨卜辞和青铜铭文上有“受命于天”的语句，是当时的统治者，假托上天之命，作为统治人民的理由。春秋时的孔子很少言天，他说：“天何言哉？四时行焉，百物生焉。”但在他的言论中，也能看出存有“天命”的观念，如“五十而知天命”和“畏天命”等。

人们把天看作有生命、有意志的实体，以为它的力量最大，也就把它想象成万物万事的主宰者。《书·泰誓上》说：“天佑下民。”封建社会的皇帝自称为“天子”，并且编造了“龙子龙孙”的神话。《史记·高祖本纪》开篇就说：“其先刘媪尝息大泽之陂，梦与神遇。是时雷电晦冥，太公往视，则见蛟龙于其上。已而有身，遂产高祖。”所谓“王者承天意以从事”，是借天之威力和威信，以巩固其统治。这种做法，在当时的社会，比任何强迫命令都行之有效。

有天而有“天道”，有人而有“人道”。天道和人道之间的“天人关系”，成为中国古代哲学长期讨论的问题。其中的“天人合一”，是较为突出的一种观点，强调“天道”和“人道”的合一，也就是“自然”和“人为”的一致。战国时的子思和孟子，都提出了这种理论。后来汉儒董仲舒在《春秋繁露·深察名号》中说：“天人之际，合而为一。”宋代的理学家更进一步，程颢说：“天人本无二，不必言合。”（《二程全书·语录》）朱熹也说：“天人一物，内外一理；流通贯彻，初无间隔。”（《语类》）中国古代是农业社会，春种秋收，希望风调雨顺，即所谓“靠天吃饭”，“民以食为天”。认为“天人关系”，即人与自然规律的协调，是特别重要的。

解释“天人关系”的另一种观点是“天人感应”。这是古代中国哲学中的一种神秘学说。认为上天能干预人间的事物，人的不同行为也能感应上天。自然界的各种灾异和所谓“祥瑞”，表示着上天对人的谴责和嘉奖。以西汉董仲舒为代表，建立了一个神学体系。认为世上的一切事物都是上天有目的安排的，封建皇帝的统治权力也是上天授予的。上天就是神，“天不变，道亦不变”，“天亦有喜怒之气、哀乐之心”。他在《对贤良策》中说：“国家将有失道之败，而天乃先出灾害以遣告之；不知自省，又出怪异以警惧之；尚不知变，而伤败乃至。以此见天心之仁爱人君，而欲止其乱也。”同样，人们用某些宗教仪式也能感动上天。汉代所盛行的“谶纬”迷信，主要是对封建帝王歌功颂德，即是所谓“天人感应”的产物。

这种荒唐的观念，纯属无稽之谈。但在两千多年之前，人们不明真相，不知就里，只能糊里糊涂地相信。及至以后，“二十四孝”中的一些“孝感”故事，也是这样编造出来的。

在孝道故事中，郭巨“为母埋儿”和丁兰“刻木事亲”是比较早的，相传都是出自汉代。很明显，一个为了造险，一个强调专心。造险者竟捉弄人的生命，郭巨掘坑，相差不到一个时辰，他就会成为残忍的杀人犯；出乎预料地掘出了黄金，他又变成了著名的孝子。这种戏剧性的变化，按照“感应论”者的说法，是其对母亲的孝行感动了上天，赐给他了黄金。假就假在那黄金上写明是赐给郭巨的，并且以官方的权威口气写着“官不得夺，民不得取”。这不是故意做给人看的吗？丁兰的“刻木事亲”，上天没有出面，是说他的孝行连木头都感动了。如果说他由此产生了一种幻觉，感觉那木像有了悲喜之情，尚可理解，可是那编造者偏要以假乱真，说是那木头能哭能笑，并且从木头中流出血来。人们通常以木石比喻无知觉无情感，在这里却一反常态，让“孝心”感动了木石。至于姜诗夫妇孝母，一个常到江边汲水，一个常到市场买鱼；长此以往，竟也感动了天地，不但在他们的房舍旁边冒出一股带有江水味的清泉，并且“日跃双鲤”，每天都跃出两条鲤鱼来，岂不是如同天上掉馅饼吗？

在古代，当编造的迷信附着在现实之上，是能够迷惑人的。

四、一味拔高的僵化

俗话说“金无足赤，人无完人”。中国人评价事物包括论人，强调“三七开，二八分”，是很有道理的。

只有想象中的神仙不食人间“烟火”，但有的也会疏忽。人们讲故事，说是“八仙”中的铁拐李，原是一个美男子，因为出游，灵魂出壳，忘记嘱咐他的徒弟，不要动他的身体。若干天后，徒弟以为他已死，便将其尸体焚化了。铁拐李云游归来，灵魂无所依附，只好到路边附在一个刚死去的乞丐身上，不但变得丑陋，并且成了一条腿的拐子。

这是虚构的故事，意在说明灵魂不灭的古老观念，现实中是不存在的。“二十四孝”中的人物，虚虚实实，真真假假，即使有的是真实的行为，经过编造者的“加工”提升，也就变得虚假了。譬如其中的七个孩子，天真可爱，孝心可嘉，有些不实际的想法，正是童稚的所在。如果在此基础上拔高，将其天真的想法变成了现实，势必都成了小神仙。你看历史上推举的那些小神童，不都是如此吗？何况还有上天“感应”，更是添乱。

封建社会所产生的“二十四孝”，以为是竖起了二十四个孝道的典型，孝行的楷模。从表面看，竖得很高，就像二十四面彩旗，在高空中飘动。但是在人间，有的做不到，有的虚假，有的已经僵化，不见得就是真孝。就像鲁迅所说的“老莱子娱亲”：“道学先生以为他白璧无瑕时，他却已在孩子的心中死掉了。”

数百年来，人们把“二十四孝”只是当作故事流传。就像“孝子郭巨”，既不想将自己的儿子活活地埋掉，也不企望得到那盆黄金。不消说平民百姓，就连后来的康熙皇帝，也明智地知道这一点。

清圣祖康熙皇帝玄烨，是清朝的第二个帝王，在位61年，有雄才大略，对国家和人民做了一些有益的事。为了国家的安定团结，加强道德建设，他制定了六条《教

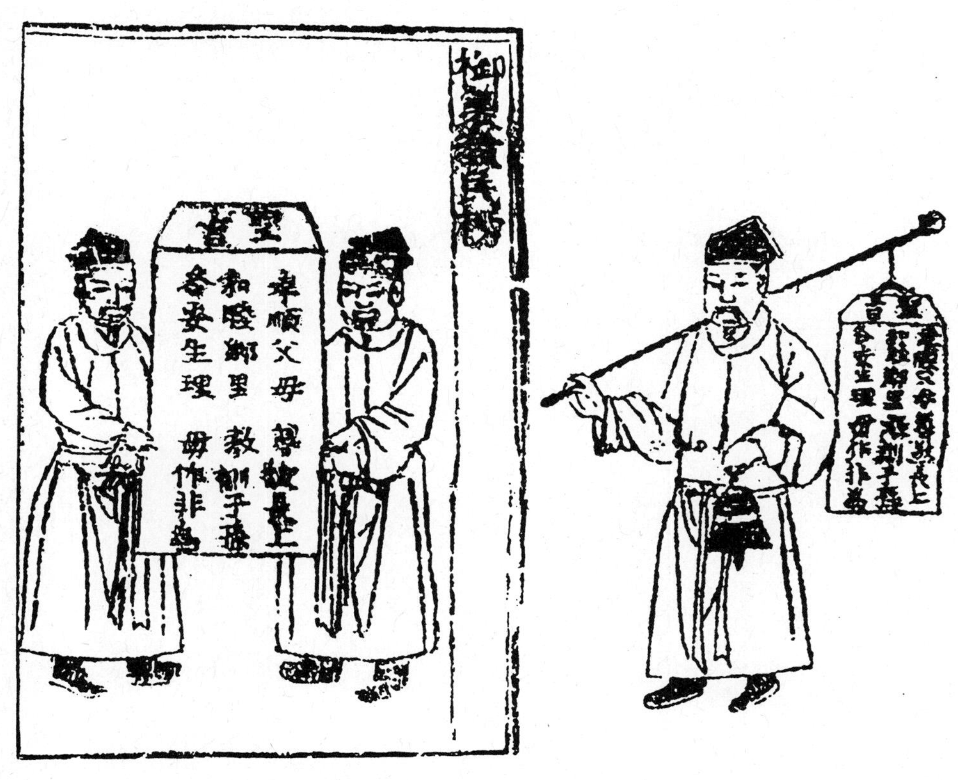

清康熙《御制教民榜》

又称《圣谕六条》，清代康熙皇帝作，王恕注

（转引自王树村《中国民间美术史》，岭南美术出版社出版，2004年）

民榜》，刻印后散发于民间，并派人广为宣讲，让地方官员牢记，以利贯彻执行。这六条圣谕是：（1）孝顺父母；（2）尊敬长上；（3）和睦邻里；（4）教训子孙；（5）各安生理；（6）毋作非为。圣谕语言质朴，内容切合社会现实。“各安生理”即是各自安心于谋生之道；“毋作非为”就是不做不正当的行为。这些都切实可行，大众容易接受，也能够做到。其中的前两条就是关于孝道的。从人伦道德、社会道德到职业道德，都很全面。吏部尚书王恕为这六条标准作了注释。他在序中说：“臣王恕于圣训之下各注数句，俾民悉知圣祖之意，用成仁厚之俗，合行备榜前去，凡我民庶，各宜熟读而力行之，须至榜者。”在“孝顺父母”条下注：“父母之身养身，恩德至大，为人子者当孝顺以报本。平居则供养衣食。”

德乃人之本，孝为德之先。不提倡古代那套“二十四孝”，绝非不孝。敬老孝亲重人伦，孝行可敬孝感非。从康熙《教民榜》的颁行看，“二十四孝”不过是挂在门面上的一个幌子。

附录：

本书介绍孝行人物名录及其图像

（姓名不分先后）

序号·姓名·时代和主要事迹·页数及艺术形式

1. 虞舜，传说中的远古帝王。“孝感动天”，“象耕鸟耘”，“穿井”，“惟顺解忧”，“孝闻天下”。
页数：16（石印）69.73.81.171（石刻）135.146（砖雕）103（壁画）183.191.207.232.245.273.298（木版画）301（墨拓画）。
2. 曾参，曾子，春秋时人。“曾母投杼”，山中打柴，“啮指心痛”，“曾参问母”。
页数：16（石印）28（画像石）75.83.92.158.170（石刻）123.148（砖雕）102（壁画）192.209.233.272.292（木版画）303（墨拓画）339（剪纸）。
3. 唐夫人，唐代。婆母年老无齿，“乳母不怠”。
页数：18（石印）172（石刻）202.216.236.283（木版画）322（墨拓画）327（剪纸）。
4. 吴猛，晋代人。年八岁，家贫，无蚊帐，“恣蚊饱血”，使父母免遭叮咬。
页数：18（石印）171（石刻）199.217.237.277（木版画）320（墨拓画）336（剪纸）。
5. 闵损，字子骞，春秋时人。“御车失棰”，“单衣顺母”，“闵子谏父”。
页数：29（画像石）60.93.164.170（石刻）102（壁画）193.210.233.275（木版画）304（墨拓画）。
6. 老莱子，春秋时楚人，或作“老来”。年七十岁“戏綵娱亲”，“百岁哭安”。
页数：30.31（画像石）59.87.168.170（石刻）194.225.240.282（木版画）313（墨拓画）。
7. 丁兰，汉代河内人。“供木人”，“刻木侍母”。
页数：31.32.41（画像石）51.62.68.91.173（石刻）98.125.136.140.149（砖雕）101（壁画）188.197.221.242.275.288（木版画）314（墨拓画）。
8. 三州孝人。来自三州，相约为父子，一父二子。
页数：33（画像石）。
9. 魏汤。“报父仇”。
页数：34（画像石）。
10. 颜乌，汉代东阳人。“负土筑墓”，“乌助成坟”。
页数：34（画像石）248（木版画）。
11. 赵徇，“孝父”。
页数：35.41（画像石）。
12. 原穀，或名“元觉”。“孝孙原穀”，“原穀请罪”，“持舆劝父”，“元觉还笆”。
页数：36（画像石）53.57.74.87.108.155（石刻）94.129.136.143.144.146（砖雕）。

13. 韩柏榆，或作“伯俞”、“伯瑜”、“伯游”、“伯夷”，汉代梁人。“泣笞伤老”，“伯夷哭杖”。

页数：37（画像石）58.86.90（石刻）124.138（砖雕）103（壁画）257（木版画）。

14. 邢渠，“哺父”。

页数：38.39.41（画像石）。

15. 董永，汉代人。“力田孝亲”，“田间侍父”，“卖身葬父”，“路遇织女”。

页数：39.47.48（画像石）65.66.67.88.107.175（石刻）97.117.118.119.140.150（砖雕）101（壁画）195.212.235.279.288（木版画）307（墨拓画）。

16. 七女，汉代。“七女为父报仇”（水陆攻战图）。

页数：42.43（画像石）。

17. 郭巨，汉代人。“埋儿侍母”，“赐金一釜”。

页数：50.58.64.91.157.174（石刻）96.115.116.131.137.141.142.145.146（砖雕）101（壁画）195.218.238.274（木版画）315（墨拓画）330（剪纸）。

18. 眉间赤（眉间尺）。“为父报仇”。

页数：56.61（石刻）。

19. 蔡顺，东汉汝南人。“蔡顺哭棺与邻居失火”，“拾椹供亲”。

页数：63.90.156.174（石刻）139.148（砖雕）102（壁画）185.196.226.240.284（木版画）309（墨拓画）。

20. 曹娥，女，汉代上虞人。年十四，“哭江寻父”，“投水觅父”。

页数：76.90.154（石刻）120.138（砖雕.）104（壁画）247（木版画）。

21. 姜诗妻，庞氏，汉代人。庞氏与夫姜诗均以孝著名，上天以“涌泉跃鲤”相报。

页数：77.85（石刻）327（剪纸）。

22. 刘殷。年九岁，祖母于盛冬思食芹菜，刘殷尽孝“哭地生芹”，“孝感祖先”，赐与宝物。

页数：78.89（石刻），102（壁画）。

23. 田真，汉代人。兄弟三人议论分家，田真见堂前紫荆树枯萎，“哭荆劝合”，“紫荆复萌”。

页数：79.88.162（石刻）128.135.142.144.147（砖雕）104（壁画）189.204（木版画）342（剪纸）。

24. 杨昌，女。“徒手打虎”。

页数：80（石刻）。

25. 刘明达。“卖儿侍母”。

页数：82.92（石刻）。

26. 赵孝宗，或即赵孝，西汉沛国人。“舍己行孝”。

页数：84.90（石刻）。

27. 陆绩，东汉吴郡人。年六岁，做客“怀橘供亲”。

页数：88.174（石刻）99.127.137.150（砖雕）197.215.236.277（木版画）310（墨拓画）。

28. 王祥，晋代瑯琊人。继母不慈，失爱于父，“卧冰求鲤”。

页数：88.105.159.172（石刻）95.113.114.130.141.142.145.147（砖雕）104（壁画）200.223.237.278（木版画）321（墨拓画）332.333.334.335.337.338（剪纸）。

29. 鲍山。“背母行乞”。（另有“抱（鲍）山担父”砖雕，不知是否一人，见133页）
页数：89（石刻）101（壁画）。
30. 杨香，晋代人。年十四，随父下田，“搤虎救父”。
页数：89.152.174（石刻）149（砖雕）104（壁画）200.222.238.281（木版画）316（墨拓画）337（剪纸）。
31. 郯子（或作“睒子”、“琰子”），春秋时人。入深山，扮鹿取乳.“鹿乳奉亲”。
页数：89.153.175（石刻）99.122.143（砖雕）194.213.234.276（木版画）306（墨拓画）336（剪纸）。
32. 孟宗，三国吴人。为母治疾，冬月抱竹而泣，“哭竹生笋”。
页数：90.106.160.175（石刻）98.126.139.147（砖雕）103（壁画）186.201.224. 243.276（木版画）317（墨拓画）326.330.331（剪纸）。
33. 鲁义姑，鲁国义姑。兵乱逃难，“舍子救侄”。
页数：91.161（石刻）149（砖雕）。
34. 姜诗，汉代人。“姜诗孝母”，“涌泉跃鲤”。
页数：92.171（石刻）196.227.241.274（木版画）308（墨拓画）。
35. 王武子妻。“割股奉亲”。
页数：92（石刻）103（壁画）。
36. 汉文帝，西汉皇帝刘恒。孝母，“亲尝汤药”。
页数：97（石刻）192.208.232.279（木版画）302（墨拓画）340（剪纸）。
37. 王裒，战国魏人。母亲生前畏雷声，孝子“闻雷泣墓”。
页数：160.175（石刻）121（砖雕）199.220.242.281（木版画）319（墨拓画）。
38. 狄仁杰，唐代人。“梁公望云”，“望云思亲”。
页数：132（砖雕）。
39. 成子。“成子留母”。元代砖雕，故事不明。从内容看，是否即“闵损单衣顺母”，待考。
页数：134（砖雕）。
40. 茅容（茅生），东汉陈留人。“茅生杀鸡”，“鸡不供客”。野菜淡饭待友，杀鸡供母。
页数：143（砖雕）186.250（木版画）。
41. 江革，东汉齐郡人。背母逃难，“行佣供母”。
页数：148（砖雕）185.198.214.234.284（木版画）311（墨拓画）328（剪纸）。
42. 程婴，春秋晋国人。程婴救孤，“赵氏孤儿”。
页数：161（石刻）。
43. 孟轲，孟子，战国邹人。孟轲少时废学，“孟母断机”，“以刀断织”。
页数：162（石刻）182（木版画）。
44. 黄香，东汉人。年九岁失母，事父尽孝，“扇枕温衾”。
页数：165.173（石刻）198.228.241.283（木版画）312（墨拓画）。
45. 邓伯道，东晋人。兵乱中“弃子留侄”（事见明代戏曲《桑园寄子》）。
页数：166（石刻）。
46. 曹庄。妻焦氏虐待婆母，曹庄“磨刀劝妻”（故事见于明代戏曲《忠孝图》。

页数：167（石刻）。

47. 仲由，字子路，春秋时人。家贫，尝食藜藿之食，“为亲负米”于百里之外。

页数：170（石刻）187.193.211.235.280.289.290（木版画）305（墨拓画）。

48. 朱寿昌，宋代人。为妾所生，年七岁时，生母刘氏为嫡母所妒出嫁，寿昌“弃官寻母”。

页数：172（石刻）202.219.239.280.289（木版画）323（墨拓画）。

49. 黄庭坚，号山谷，宋代人。为官显贵，“涤亲溺器”。

页数：172（石刻）203.230.243.282（木版画）324（墨拓画）。

50. 张壩，东汉成都人。幼年知孝让，“人号曾子”。

页数：181（木版画）。

51. 朱熹，字晦庵，宋代建阳人。八岁“通孝经义”。

页数：181.263（木版画）。

52. 周文王，西周。为世子时，每日三往朝见其父，“问安视膳”，“寝门三朝”。

页数：184.246（木版画）。

53. 任敬臣，唐代济南人。五岁丧母，“志学报母”。

页数：187（木版画）。

54. 王隐之，晋代人。年七岁，哭父感人.“邻母辍食”。

页数：188（木版画）。

55. 江万里，宋代故相。凿池于亭旁.元兵破城，与子投池而死，“忠孝两全”。

页数：189（木版画）。

56. 庾黔娄，南齐人。为县令，父病弃官，“尝粪忧心”。

页数：201.229.239.278（木版画）318（墨拓画）。

57. 毛继宗妻冯氏，明代山阴人。婆母病，“为姑割肝”。

页数：205（木版画）。

58. 赵娥，女，汉代人。为父报仇，“血刃仇人”。

页数：249（木版画）。

59. 李余，蜀汉人。年十三，父杀人出亡，余求代死，不许，遂自杀。“图像公廷”，以励风俗。

页数：251（木版画）。

60. 王脩，三国魏人。年七岁丧母，正值社日，乡人举社欢庆，脩悲啼悽惋，“邻里罢社”。

页数：252（木版画）。

61. 王览，晋代瑯琊人，王祥之弟，后母所生。后母虐待王祥，王览“护兄感母”。

页数：253（木版画）。

62. 陶侃，字士行，晋诗阳人。少时曾有酒失，亡亲见约，故饮酒有定限，“不违酒约”。

页数：254（木版画）。

63. 赵景真，晋代人。少时受业，闻父耕叱牛声，投书而泣，不能代父劳苦，“闻耕辍诵”。

页数：258（木版画）。

64. 裴秀，晋代人。母为婢妾，受嫡母虐待，裴秀八岁善诗文，客尊其母，“使客敬母”。

页数：256（木版画）。

65. 王铿，齐宣都人。三岁失恃，及长，祈能梦见生母，“梦遇慈亲”。

页数：258（木版画）。

66. 花木兰．隋代商邱人。时苦征役，父老且病，木兰女扮男装，“代父从征”。
页数：259（木版画）。

67. 许法稹．唐沧州人。生未及岁，“母病不乳”，当时呼为“半龄孝子”。
页数：260（木版画）。

68. 王少元．唐初人。其父死于隋末乱兵，少元为遗腹子，十岁时于白骨中“滴血认骸”。
页数：261（木版画）。

69. 包拯（包公），宋代人。年少登第，因双亲在堂而不仕，“登第不仕”（十年后始仕）。
页数：262（木版画）328.329（剪纸）。

70. 王溥，宋代。年三十二拜相，门客趋势，其父苦于应酬，溥乃“朝服侍立”，由是车马渐少。
页数：264（木版画）。

71. 崔人勇．宋代陕西人。戍广西，母病急归，遇一道人，“叱木成马”。
页数：265（木版画）。

72. 孀妇吴氏，宋代都昌人。无子，事婆母至孝，家贫，忽得一子母钱，用完复出，“天赐奇钱”。
页数：266（木版画）。

73. 徐积，宋代人。父殁，以父讳石，终身不用石字，“践地避石”。
页数：267（木版画）。

74. 祝公荣．元代丽水人。母故，柩在堂，邻家失火，力不能救，“伏柩灭火”。
页数：268（木版画）。

75. 杨士奇．明代人。幼年父亡，随母改嫁。六岁，祭先人不让士奇拜。母告以故，“私祭木主”。
页数：269（木版画）。

76. 目连，或作“目莲”、“木莲”，见于佛教故事“目连救母”。“盂兰盆”，“盂兰盆会”，“孝子目连过阴救母”。
页数：345.346.347.348（剪纸）。

77. 沉香，为神女三圣母所生。见于戏曲故事《宝莲灯》，与道教二郎神等有关。“孝子沉香劈山救母”。
页数：350.351（剪纸）。

78. 许士林，或作“梦蛟”，为许仙与白娘子所生，长大后考中状元。见于戏曲故事《白蛇传》，与佛教人物有关。白蛇被压在雷峰塔下，“状元祭塔”。
页数：353.354.355（剪纸）355（刺绣）。

● 以上所录历代与传说孝行人物78名，共图400多幅。不包括无孝行图的人物和其他孝道图。

参考书目

《孝经译注》，汪受宽译注。上海古籍出版社出版，2007年。

《宋刻孝经》，天津市古籍书店影印出版，1987年。

《御注绘图孝经》（附二十四孝图），清宣统三年上海锦章书局石印，烟台诚文信记翻印。

《古孝子传》，［清］茆泮林辑。商务印书馆“丛书集成”本。

《古列女传》，清光绪三年（1877）湖北崇文书局刊印。

《新刊大字分类日记大全》，［元］虞昭纂集，明熊大木校注，明嘉靖二十一年（1542）刊本。

《增广日记故事详注》，清光绪二十七年镇江善化书局刊印（其中至孝类为《二十四孝图》）。

《前后孝行录》清道光甲辰年（1844）京江柳书谏堂刊本，上海文艺出版社影印，1991年。

《百备全书》清代江西刊印（其中《二十四孝图》部分）。

《重校七言千家诗·绣像二十四孝图》清代南京李光明庄合刊本。

《孝道文化与社会和谐》，李晶编著。中国社会出版社出版，2009年。

《中国民间美术史》，王树村著，岭南美术出版社出版，2004年。

《汉画故事》，张道一著，重庆大学出版社出版，2006年。

《中国画像石全集》第八卷（石刻线画），河南美术出版社、山东美术出版社，2000年。

《中国画像砖全集》，四川美术出版社出版，2006年。

《苏州版画——中国年画の源流》，［日］喜多佑士等著，骎々堂出版，1992年。

《绵竹年画》，高文、侯世武、宁志奇编，文物出版社出版，1990年。

《新绛剪纸》，山西新绛县文化馆编，重庆出版社出版，1989年。

《陇东民俗剪纸》，王光普收集，辽宁美术出版社出版，1987年。

后记

在我度过八十一岁的时候，竟然写了这本《孝道图》。其实并非专业上的思考，我自己也没有实际的感触。前言中已经提到，是在二十多年之前，由关于“二十四孝”的一条新闻报道所引起，便经常在脑海中浮起。我早就知道“二十四孝”，但不了解其中的全部故事，只晓得“王祥卧冰”和“郭巨埋儿”之类，是童年时代祖母讲给我听的。印象之深也并非因为可爱，而是感到那境况的可怕。至今回忆起来，还有些心悸。不知古人为什么会那样想、那样做？使我久久带着那个疑问。

20世纪30年代之初，我生于鲁北一个小县城的旧式人家。母亲操持家务，我从小由祖母带大。祖母关心我的衣食冷暖和养育成长。在童年，我感到祖母的学问最大，很多事物都是从她那里首先知道的，有些是伴随着古老的传说与神话。我家住在县城的大北街，出街口是场院，几家的打麦场连在一起很空旷，能看到远处的东城门。六月三伏天气闷热，晚上有许多人都要在广场上乘凉。祖母扶着我的肩膀，我替她提着一个可折叠的马扎，慢慢地走向场院。祖母摇着芭蕉扇，半天挥动一下；我倚在她的怀里，听她讲故事。

晴空万里，密密麻麻的星星闪烁着。祖母说：“天上的星星数不清，和地上的人一样多。每个人就有一颗星，人若死了，他的那颗星也就灭了。”我问奶奶：“我也有一颗星吗？”她肯定地回答说：“当然有了；只是太小，看不见，也不知在哪里。在天上是很清楚的，由月明奶奶（月亮）看着。”

忽然，一颗流星划过，拖着长长的尾巴，一刹那就灭了。祖母轻轻的“咳”了一声说：“又死了一个。是个做坏事被杀的。人要行善，不能做坏事，做坏事的人不得好死。”我不懂是什么意思。便问：“奶奶，什么是行善？”她说：“就是一辈子做好事，不做坏事。不撒谎，不骗人，不欺负人，不占别人便宜。那些小偷、强盗、拐子、骗子、欺压人的人，都是坏人。好人和坏人，‘月明奶奶’（月亮）在天上看得很清楚。她是帮助老天爷管星星的，也一边纺棉花一边看着人间，并且奖赏好人，处罚坏人。”

我唱起了儿歌："月明奶奶，好吃韭菜，跌个骨碌，爬不起来！"

"月明奶奶为什么跌跤呢？"祖母说："年纪太大了，看到出了事就心急，脚又小，走不动，怎能不摔骨碌呢！"

我又问："我们的事她也管吗？"祖母说："当然管啦。譬如说古时候'二十四孝'里的一些孝子，都是上天奖赏他们。十冬腊月，王祥脱光了衣服躺在冰上，要把冰化开，让鲤鱼跳出来孝敬母亲。"我急着问："池塘的冰那么厚，光靠他的身子就能化开吗？化开冰鲤鱼也不会自己出来呀。"祖母不喜欢我的反驳，带着指责的口吻说："你真是个不懂事的孩子，是老天爷帮助他！"

"还有郭巨埋儿。"我一听说"埋儿"，便有点紧张，急着问："是不是活埋在土里，死掉了吗？"祖母说："郭巨是个孝子，因为家里穷，饭不够吃，埋掉儿子省出饭来让母亲吃饱。"我钻进祖母的怀里，心想：郭巨的儿子只有三岁，我已大他一岁，吃的饭更多；联系到自己，便苦苦地央求祖母道："奶奶，你要是没有饭吃，我去讨饭、挖野菜给你吃，可不要让俺爹把我埋掉！"我在发抖，祖母意识到我为自己担忧，紧紧地将我搂在怀里，安慰我说："奶奶就是饿死，也不会把你埋掉！我喜欢我的孙子。"两人抱着哭了。当时父亲住在店铺里，很少回家。每次回来我都要躲着他，藏到祖母的身后。直到开始上学才渐渐淡忘。

童年的记忆印在脑子里，七十多年过去了，抹也抹不掉。可能这也是我写《二十四孝》的原因之一吧。

图书在版编目（CIP）数据

孝道图：二十四孝图等考析 / 张道一著. —济南：山东教育出版社，2015

ISBN 978-7-5328-8678-4

Ⅰ. ①孝… Ⅱ. ①张… Ⅲ. ①孝—文化—中国—图解 Ⅳ. ①B823.1—64

中国版本图书馆CIP数据核字（2015）第007916号

孝道图

二十四孝图等考析

张道一 著

主　　管：山东出版传媒股份有限公司
出 版 者：山东教育出版社
（济南市纬一路321号　邮编：250001）
电　　话：（0531）82092664　传真：（0531）82092625
网　　址：www.sjs.com.cn
发 行 者：山东教育出版社
印　　刷：山东临沂新华印刷物流集团有限责任公司
版　　次：2015年3月第1版第1次印刷
规　　格：787mm × 1092mm　1/16
印　　张：24印张
书　　号：ISBN 978-7-5328-8678-4
定　　价：78.00元

（如印装质量有问题，请与印刷厂联系调换）
印厂电话：0539-2925659